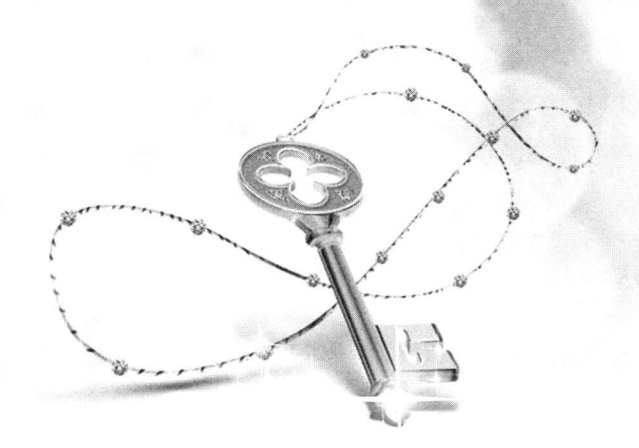

智慧女人必修课

刘雅琳 ◎ 著

企业管理出版社
ENTERPRISE MANAGEMENT PUBLISHING HOUSE

图书在版编目（CIP）数据

智慧女人必修课/刘雅琳著. ——北京：企业管理出版社，2014.7
ISBN 978－7－5164－0858－2

Ⅰ.①智… Ⅱ.①刘… Ⅲ.①女性－修养－通俗读物 Ⅳ.①B825－49

中国版本图书馆 CIP 数据核字（2014）第 113745 号

书　　名	智慧女人必修课
作　　者	刘雅琳
责任编辑	杨苏敏
书　　号	ISBN 978－7－5164－0858－2
出版发行	企业管理出版社
地　　址	北京市海淀区紫竹院南路17号　　邮编：100048
网　　址	http://www.emph.cn
电　　话	总编室 68701719　　发行部 68467871　　编辑部 68701408
电子信箱	80147@sina.com　　zbs@emph.cn
印　　刷	北京嘉业印刷厂印刷
经　　销	新华书店
规　　格	170×240 毫米　　16 开本　　15.5 印张　　220 千字
版　　次	2014 年 7 月第 1 版　　2014 年 7 月第 1 次印刷
定　　价	35.00 元

版权所有　翻印必究·印装有误　负责调换

前言

一个女人的一生，犹如花园中的一条小径，充满了岔路和歧途。在这小径的岔路口，女人究竟是选择娇艳怒放的玫瑰，还是选择清香淡雅的茉莉？而在面对人生的岔路口的时候，女人是选择家庭生活的温馨，还是选择事业的成功？

这些选择，决定了女人或幸福或挫折的一生。女人，可以不美丽，但不可以不幸福，而能否获得幸福，常常取决于女人那一念之间的抉择。当女人以正确的人生态度去探寻生活的未知，女人就能在追寻的旅途中觅到生活里春暖花开的一天。

当然，选择同时也就意味着放弃，因为有所弃才能有所得。一些女人，出于优柔寡断的天性，常常无法割舍那些本该放弃的东西，从而失去了人生的主动权，有时候甚至因为做出了错误的选择而需要付出巨大的代价。而能够勇敢和智慧地进行选择的女人，则能够把握住生命中真正宝贵的财富，收获家庭、爱情和事业的硕果。

有人曾说过："女人是一本书，一辈子也读不完。"做女人已经很难，而做一个好女人更难，那么要写一本关于智慧女人的好书，更是难上加难。聪明的女人，带上这本书吧，让她给你一双慧眼，让你在人生的路口不再迷茫，让它授予你一柄慧剑，让你在该割舍的时候不再犹豫，找到本该属于你的幸福。

本书是作者多年从事女性教育、培训工作的点滴感悟，也是和众多女性朋友们不断探索和亲身实践的智慧结晶。它虽没有诗的激情，花的绚丽，却可以品味人生的真谛与感悟。希望能给女性朋友们带来些许帮助。

书中如有纰漏之处，敬请各位朋友雅正。

作　者

2013 年 9 月

目录 | Contents

第一章 女人哲学课：自身永远是自己最强最可靠的支撑

女人永远不能放弃的就是自己，因为自身永远是自己最强最可靠的支撑。同时，女人还要懂得放弃的人生哲学，不苛求，不计较，从容淡定，开朗乐观地面对每一天。因此，学会选择懂得放弃是女人的必修课。拥有良好性格的女人在人际交往中，总能坦然地呈现最真实的自己。

懂得自爱与爱人，她们身上散发的魅力使她们时刻成为一个受欢迎的人。可以说，女人的一生是在不断选择和不断放弃中度过的。然而，不管是选择还是放弃都需要智慧和勇气。

换个角度看人生，换个角度对自己 /2

智慧的选择——"没有最好，只有更好" /4

不一样的选择，不一样的人生 /7

只有正视自己，才能做出"量身定做"的选择 /10

与其盲目羡慕别人，不如悦纳自己 /13

正确面对人生得与失 /16

生活是一种冒险，女人需量力而行 /18

有主见地选择才不会无意义地盲从 /20

学会选择和放弃，掌握人生的主动权 /23

笑对得与失，静看成与败 /26

大气"舍得"，惊喜"多得" /28

卸下身上的包袱，轻装上阵 /30

目录 Contents

第二章 女人人脉课：修练女性交际魅力，让自己成为最受欢迎的人

世界因为有了女性，才充满斑斓的色彩和无穷的活力。如今，女性活动的内容及范围比以往拓展了许多。女人对人类社会的贡献，不再是囿于家庭，肩负繁衍后代的重任。女人也可以拥有自己的事业与追求，并且，可以积极地参与人际交往与社会活动。

女人交际能力如何，反映其情商水平。女人不但要有得体的打扮、美丽的微笑、文雅的言谈举止、灵动的双眸……更重要的是，还要有经营人际关系的睿智。这样才会让自己充满女性交际魅力。而且，女人若能很好地处理人际关系，不仅会使自己的事业如鱼得水，还会给自己的生活增添很多乐趣。所以，女人要经营好自己的人脉，做个富有魅力的女人。

有了家庭也不能丢掉朋友 /34
哪些异性可以成为知己 /36
学会与同事在合作中竞争 /38
女人该如何展示交际魅力 /40
女人在社交中的注意事项 /43
如何与同性上司相处 /45
如何与异性上司相处 /47
交友要慎重 /50
善于营造自己身边的和谐 /53
有几个蓝颜知己也是一种幸福 /56

目录 | Contents

第三章 女人处世课：心智成熟，才能少走弯路

我们常常听到这样一句话："舍得，舍得，有舍才有得。"简单的一句俗语，却包含了人生中的处世智慧与道理。只有聪明智慧的女人才懂得如何面对人生中的得与失。正确认识得与失，女人就会在得到的时候，懂得会有必然的失去；也会在失去的时候，懂得如何从失落中找回自我，才能从容地以一颗平常心笑看人生。

学会适时变通，不要墨守成规 /60

不要让琐事成为你的绊脚石 /63

得失之间，柳暗花明 /66

该出手就出手，当放弃则放弃 /69

鱼和熊掌不可兼得，有所为有所不为 /71

冷静不冲动，情绪不失控 /74

接受不可避免的现实，才会变得更强 /77

过自己想过的生活，做自己想做的事情 /79

大度女人"春"常在 /82

明智地放弃，结局会有所不同 /84

欲速则不达，不为"捷径"付代价 /87

第四章 女人情商课：知足常乐，时刻拥有好心情

有句俗话："成人不自在，自在不成人。"很多女人觉得自己不够快乐，为什么呢？琐事牵绊太多，女人一生一直在奔波劳累。

目录 | Contents

生命之舟如此负重,如何才能快行?女人要明白,心灵的自由是以放弃某些东西为前提的。所以,想要做个快乐无忧的女人,就要经营好自己心灵的绿洲,不追求完美,远离攀比,知足常乐,保持微笑,时刻拥有好心情。

追求完美不幸福,苛求完美不快乐 /90

放弃是一种超然而不失水准的选择 /92

拥抱好心情,和烦恼说"ByeBye" /95

放弃没完没了的抱怨,选择自心而发的感恩 /97

远离攀比,做个快乐女人 /100

欲望无罪,太过不对 /103

要想常自在,保持平常心 /106

少计较一些,少烦恼一些 /109

拿得起,自然还要放得下 /111

知足常乐,做快乐女人 /113

既然落花无意,那么流水也要无情 /116

明智地放弃,有时也是为了更好的拥有 /118

第五章 女人修养课:提升女性魅力,让平凡的你卓尔不群

漂亮的脸蛋和匀称苗条的身材只是女人的一种外在形象,而一个从内到外散发出"女人味"的女人,常常会使周围的人改变最初对她的印象,乐于和她接触,而且相处越久越觉得她别具魅力,并且看起来也越来越漂亮。

目录 | Contents

是女人就要有点女人味儿 /122

放弃不是梦想的终结者,而是新机遇的集结号 /125

把适度的"虚荣"当成一种美德 /128

可以选择羡慕,但决不可以嫉妒 /131

凡事往好处想,心胸更敞亮 /133

多疼自己一点不为过 /136

寂寞的女人也很美 /139

选择蜕变,获得重生 /141

和往事"告别",对自己说声"不要紧" /143

请在异性面前保持自尊 /147

第六章 女人气质课:女人因自信而美丽

选择是量力而行的睿智和远见,放弃是顾全大局的果断和胆识,选择和放弃都不是盲目的,都需要智慧,也需要勇气。生活的真谛便在取舍之间。

在生活中,女人有太多太多的东西舍不得放弃、舍不得放手。要知道鱼和熊掌不可兼得,苛求完美并不能给自己带来幸福,只有学会选择和放弃,才能掌握自己人生的主动权。女人应该拿得起放得下,做个果敢机智的人。

自信的女人最迷人 /150

经营智慧,比经营美貌更重要 /153

微笑的女人最美丽 /155

从容淡定的女人更有魅力 /157

目录 | Contents

诙谐的女人畅快,幽默的女人可爱 /159

女人"自恋"不是错 /162

优越在身,自信在心 /165

朝气是年轻女性战无不胜的武器 /168

做女人一样可以很潇洒 /171

女人需要展现性感的一面 /174

第七章 女人幸福课:消除心灵的尘埃,做个积极向上的女人

"身是菩提树,心如明镜台。时时勤拂拭,勿使惹尘埃。"心如明镜,纤毫毕现,然而,每个女人的心灵总会被不可避免地沾染上尘埃,使本来洁净的心灵受到污染和蒙蔽,这样就容易导致人格上劣卑、德行上失缺、心理上龌龊、性格上缺陷、思维上保守、胸襟上狭隘、见识上低下、生活上低趣等等。

如果女人的一颗心总是被灰暗的风尘所覆盖,干涸了心泉,黯淡了目光,终究会失去生机、斗志和魅力。所以,只有消除心灵的尘埃,才能做个积极向上的女人。

选择不完美也可以很幸福 /178

如果选择不对,努力就会白费 /180

男人并不是女人的全部 /183

删除昨天的烦恼,粘贴美丽的心情 /185

事业才是女人的第一任"丈夫" /187

成为幸福女人的七个秘诀 /190

目录 | Contents

面对不幸,选择微笑 /193

张弛有度,女人要懂得认输 /195

聪明的女人不做情人 /198

第八章 女人婚姻课:嫁的老公好,那婚姻就是天堂

生活在如今这样节奏快、竞争激烈的时代,女人更加艰难。因为经济地位的相对平等,社会空间的扩大,女人就不可避免地扮演不同的角色,在不同的人们之间周旋和应付。女人的累往往超乎男人的想像。一个好女人,要身兼多职:男人的好老婆、领导的好下属、孩子的好母亲、父母的好女儿。

然而,女人不能因此而迷失自己。女人要照顾好自己的家庭,也要维护好自己的事业,还要保持女人特有的魅力,要么温柔,要么自信,要么潇洒,要么性感,这样才是幸福完美的人生。

人生如戏,每个女人都是自己命运的唯一导演。女人要懂得把握自己人生的平衡,多疼自己一点点,做个爱自己的女人。只有这样才能彻底悟透人生、驾驭人生,并使自己超然地笑看人生,且拥有海阔天空的人生境地。

选择爱自己的人还是自己爱的人 /202

爱情也要拿得起、放得下 /206

选择好男人做你的丈夫 /208

不做婚姻观念与制度的仆人 /210

鉴定终生伴侣的九个黄金守则 /213

女人不要把男人看得太紧 /216

目录 Contents

女人不能嫁的十种男人 /218

适合自己的男人才是最好的男人 /222

女人不可错过好机会 /224

从九个方面观察与你交往的男人 /226

沉默是金 /229

放男人一马也是放自己一马 /232

第一章

女人哲学课
自身永远是自己最强最可靠的支撑

女人永远不能放弃的就是自己,因为自身永远是自己最强最可靠的支撑。同时,女人还要懂得放弃的人生哲学,不苛求,不计较,从容淡定,开朗乐观地面对每一天。因此,学会选择懂得放弃是女人的必修课。拥有良好性格的女人在人际交往中,总能坦然地呈现最真实的自己。

懂得自爱与爱人,她们身上散发的魅力使她们时刻成为一个受欢迎的人。可以说,女人的一生是在不断选择和不断放弃中度过的。然而,不管是选择还是放弃都需要智慧和勇气。

换个角度看人生,换个角度对自己

同样一件事情,不一样的心态,那么得出的结果就会截然不同,所以我们常说换个角度看人生。每一个女人都应该学会跳出来看自己,以乐观、豁达、体谅的心态来面对自己、认识自己、不苛求自己,更重要的是超越自己、突破自己,因为好好生活才有希望。

康德说:"生气,是用别人的错误惩罚自己。"换个角度看待自己的人生,你就会认识到生活的苦、累或开心、舒坦都是自己产生的。那些感觉完全取决于一个人的心境,关系到一个人对生活的态度,对事物的感受。跳出来换个角度看自己,你就会从容坦然地面对生活,再也不会拿别人的错误来惩罚自己了。当痛苦向你袭来的时候,不妨跳出来,换个角度看自己,勇敢地面对这多舛的人生,在忧伤的瘠土上寻找痛苦的成因、教训及战胜痛苦的方法,让灵魂在布满荆棘的心灵上作出勇敢的抉择,去寻找人生的成熟。跳出来换个角度看自己,自己就会在过日子中获得快乐,"天天都是好日子",心灵就会豁亮,没有困扰和烦恼。

有一位老妈妈生养了两个女儿,大女儿嫁给了一个卖伞的生意人,二女儿在染坊工作。这使这位母亲天天忧愁:晴天,她担心大女儿的伞卖不出去;阴天,她又忧伤二女儿染坊里的衣服晾不干。她这样晴天也忧愁阴天也忧愁,不多久就白了头。一天,一位远方亲友来看她,惊讶于她的衰老,问其原由,不觉好笑。那亲友说:"阴天你大女儿的伞好卖,你高兴才是,晴天你二女儿染坊生意好也该高兴才是。这样你每天都有快乐的事,天天是好日子,你干嘛不捡高兴专拾忧愁呢?"老妈妈换个角度一想:"言之有理!"从此,她就笑口常开,每一天都过得十分开心。

人在一生当中,总免不了磕磕碰碰,遇到不快而生气,或遇到天灾人祸而痛不欲生等等。每当这个时候,我们应当怎样去处理呢?

记得有一位哲人曾说:"我们的痛苦不是问题的本身带来的,而是我们对这些问题的看法而产生的。"这话很有哲理,它引导我们要会解脱。说到这里,我也不禁想到另一个故事:

夏天的一个傍晚,有一美丽的少妇投河自尽,被正在河中划船的白胡子艄公救起。艄公问:"你年轻轻的,为何寻短见?""我结婚才两年,丈夫就遗弃了我,接着孩子又病死了。您说我活着还有什么乐趣?"艄公听了沉吟片刻,说:"两年前,你是怎样过日子的?"少妇说:"那时我自由自在,无忧无虑呀……""那时你有丈夫和孩子吗?""没有。""那么现在的你不过是被命运之船送回到两年前去了。现在你又自由自在无忧无虑了,请上岸去吧……"

话音刚落,少妇恍如作了一个梦,她揉了揉眼睛,想了想,便离岸走了。从此,她没有再寻短见。

少妇之所以能够回心转意,是因为她能够换个角度来看自己,从而看到一种生的曙光,感受到自由自在的力度。现实生活中也有很多这样的例子,换个角度看问题,你就会觉得问题已经截然不同。

伟大的发明家爱迪生,在研究了8000多种不适合做灯丝的材料后,有人问他:你已经失败了8000多次,还继续研究有什么用?爱迪生说,我从来都没有失败过,相反,我发现了8000多种不适合做灯丝的材料……

要知道能从失败中走出来也是一种成功,如果你整天沉浸在失败的痛苦之中,那么你永远无法成功……

在很多时候,我们所有的苦难与烦恼都是自己依靠过去生活中所得到的"经验"做出的错误判断。这时,我们不妨跳出来,换个角度看自己,你就不会再为战场失败、商场失手、情场失意而颓唐;也不会为名利加身、赞誉四起而得意忘形。换个角度看待自己,是一种突破、一种解脱、一种超越、一种高层次的淡泊宁静,这样才能获得自由自在的乐趣。当人生的理想和追求不能实现时,不妨换个角度来看待人生。换个角度,便会产生另一种哲学,另一种处世观。转一个角度看世界,世界无限宽大;换一种立场待人事,人事无不轻安。

一片落叶,也许会引起你看到"零落成泥碾作尘"的悲惨命运,但是只要换个角度想,你便会发现它"化作春泥更护花"的高尚节操;一根蜡烛,虽然不久便会"蜡炬成灰",但它却带给人们一份光明。所以,不妨试试换个角度看人生,别有一番味道。

智慧的选择——"没有最好,只有更好"

> 知难而退有时比知难而进更重要,因为有时候知难而退是一种更加智慧的选择,是为了以后更加容易接近成功。知错就改,这是一个女人有力量、有决心的标志,更是一个女人有希望、有成就的保证。

人生处处需要选择,不会选择的人,就会迷失方向,或走弯路,或丧失良好的机会,或误入歧途,酿成人生的悲剧。

每个人的手中都有无数次选择的机会。而成功与否,关键是我们能否把握住每一次选择,让所有的选择都指向成功的方向。该选择时就毫不犹豫地选择,哪怕前面还有更大、更好的,但必须明白一点,那就是摘到自己手里的就是最好的。因为人生没有回头路,更加没有如果和假设,因此,每一个女人都应当珍惜、重视生命中的每一次选择。

也许大家对这样一个故事并不陌生。

有一天苏格拉底带领几个学生来到麦田边。这时正值成熟的季节,地里满是沉甸甸的麦穗。苏格拉底对学生们说:"你们各顺着一行麦田,每个人摘一个自己认为最大、最好的麦穗。不许走回头路,我在麦田尽头等你们。"

学生们出发了。每个人都在麦田中十分认真地选择着自己认为最大、最好的麦穗。等他们到达麦田的另一端时,苏格拉底已经站在那里,等候着他们。

"你们都选择到自己满意的麦穗了吧?"苏格拉底问。

学生们你看看我,我看看你,没有一个肯回答。

"怎么啦,你们对自己的选择满意吗?"见他们不吭声,苏格拉底又问了一句。

忽然,一个学生请求说:"老师,让我再回头选择一次吧!我刚走进麦田时,就发现了一个很大、很好的麦穗。但是,我总想前面也许会有一个更大、更好的。可当我走到尽头后,才发现再没有一个麦穗比第一次看见的更大、更好了。我能不能回去摘下那个最大、最好的麦穗?"

另一个学生也紧接着说:"我走进麦田不久就发现了一颗最大、最好的麦穗,便急忙摘下了。但我往前走时,却发现前面有许多比那个更大、更好的麦穗,原来我摘的不是麦田里最好的。老师,让我重新再选择一次吧!"

其他学生也纷纷请求再选择一次。

苏格拉底摇了摇头:"孩子们,你们不会再有第二次选择了,人生就是如此。"

人生的机会是十分有限的,很多时候,我们往往只能在某一时刻选择一样东西,不论是道义还是感情。尽管无法看到未来是什么样子,但奢求预期中的更为理想的目标而放弃来到眼前的机会,机会就不会再出现。因为很多世事与感情经不起错过与等待,最终只会是无可奈何花落去的悲凉,是日后无法回头的遗憾。

给你做一道题,看你能否做出智慧的选择:

你开着一辆车在一个暴风雨的晚上经过公交车站,车站内有三个人正在焦急地等待公交车的到来,一个是重病的老人,一个是曾拯救过你生命的医生——你一直都想报答他,另一个是你一见钟情的异性。但你只能用车拉一个人,在面对这样选择的情况下,你会怎么做?

三个答案中好像每一个都很有理由,选老人,因为你希望挽救他的生命;选医生,因为你应该报答他;选异性,因为这可能是你唯一与他相爱的机会。

到底选谁?看起来这是一个极其棘手的问题,但是等你听到答案后,你可能就会大梦初醒:把车钥匙交给医生,让他带着生病的老人去医院,而你则留下与你一见钟情的异性一起等候公交车。

这个答案的确是非常的简单,但是大多数人却不会想到它。这是因为他们本能地只从自己开车拉人的角度来思考问题了,并没有想过把自己和车分开来,因此不能从最简单的角度出发,寻找最理想的解决问题的方式。

其实只要你稍微动一下脑筋,把车当成普通的交通工具,并将原题改为这样一道题目:

有四个人,一个着急去看病的老者、一个需要搭车的医生、一对也在等车的一见钟情的男女,还有一辆可以承载两个人的车,请问应该让哪两个人去乘车?如果这样问,那问题的回答就会变得非常容易,如果按两人一组的形式分组,那一对男女是不能分开的,所以是一组,而剩下两个人恰好也是非常合适的一组,那么哪一组乘车呢?爱情可以等待,病魔却不可以,所以答案显而易见:让第二组乘车,这道题目就是这么简单。

这个故事告诉了我们智慧选择的重要性,尤其是面临这样的选择时要想得到什么东西,就必须舍弃另外一些东西,贪心的人有时候只会一无所有。在上面问题的智慧答案中,你既得到了爱情,又得到了感恩的机会,还得到了做善事的机会,聪明的人会做出这种选择。

由此可见,对女人来说做出一种智慧的选择是十分重要的。在我们漫长的人生道路上,也会充满各种各样看起来复杂无比的问题,但这并不意味着经受它们会很痛苦,只要我们学会巧妙地思考,学会安排取舍,这些难题就会随着我们的智慧迎刃而解,我们的人生也就会充满阳光。

不一样的选择,不一样的人生

女人,向来被认为是造物主给世间的一道美丽风景线。她们不仅美丽、温柔、贤淑、智慧,还在社会上扮演着各种各样的角色。当然,社会属性决定了每一种角色都会负有不同的责任和义务,因此,要想成为一个成功的女人,只有尽可能地把各个角色做到圆满。而这需要很大的智慧。

捷克小说家米兰·昆德拉曾说:"女人的一生,就是从上一个家到下一个家。"她们可以是父母的女儿,也可以是孩子的母亲,只是在从一个家到另一个家的过程中,才完成这种角色的转变。因此,这当中牵涉到很多关于选择的智慧。

根据选择的不同,有的女人成为了下属的上司,过着统筹全局的决策型生活;有的女人成为了上司的下属,过着风风火火的执行型生活;而有的女人,则成为了家的主人,过着相夫教子的家庭型生活。

其实,每个女人从生下来的那一刻起,生活于她们都是一样的。之所以出现这些感觉上的分歧,只是因为她们各人选择与放弃的方向、方式、内容、目的不同而已。

人们常说"选择与放弃,是一种心态、一门学问、一套智慧"。心态也好,学问、智慧也罢,总之,人生活在这个世界上,就必然面临着生活与人生处处需要面对的关口。在这些关口中的选择,成就了各人各异的生活。也许是昨天的放弃决定了今天的选择,也可能是明天的生活取决于今天的选择。但人生如演戏,而每个人又都是自己的导演,所以自己的生活由自己的选择决定。

事实证明:只有学会选择和懂得放弃的人,才能赢得精彩的生活,拥有海阔天空的人生境界。这句话对一般人适用,对女人来讲,更实用。

秋瑾说"芸芸众生,孰不爱生?爱生之极,进而爱群",意思是说:天下这么多的人,有谁不爱惜自己的生命而去生活啊?可是在当珍爱自己的生命生活到了一定的程度的时候,他就会得到升华,进而去热爱生活中的每一个人。因此,秋瑾才会在革命年代毅然抛弃家庭、抛弃旧封建藩篱,为了革命牺牲自己。

作为女人,她放弃了温室般的家庭生活,放弃了贤淑的"妇女"形象,却义无反顾地选择了"革命"这条道路。虽然,从传统意义上来讲,她不仅不是个好媳妇,好母亲,还最后被捕牺牲对不起生她的父母,但就国家、民族利益层面上来说,她却是千千万万中国人的榜样,更是中国妇女的榜样。她的精神,她为革命做的贡献永垂不朽,因而永记中国史册。我们后人评判的时候,只会对秋瑾崇敬、赞扬有加。

在谈到女人的选择时,很多人都习惯性地将话题联想到了"爱情"、"家庭"之类的事情上,这是很狭小的眼光。女人作为一个庞大的社会团体,作为一个占据"半边天"的团队,她们不该将传统意义上"振兴民族"、"繁荣国家"这些大任推卸到男人的肩膀上,自己躲在家庭的小环境下生活。相反,在越来越提倡男女平等的年代,女性朋友们该更多地涉足大事,立志高远,彰显女性的豪气。

在中国古代,就已经出现了很多这样的奇女子。她们选择和男人一样地生活,胸怀大志,心系国家,倔强地冲破封建的藩篱,演绎着一段段让后人惊诧的传奇。

南宋时期的李清照就是其中一位。她出生于一个爱好文学艺术的士大夫家庭。父亲李格是进士出身,著名大学士苏轼的学生。母亲是状元王拱宸的孙女,也很有文学修养。良好的家庭环境并没有让她与那些同时代的大家闺秀一样,整天只知道游乐嬉戏、擦脂抹粉,目光短浅。况且,那是个标榜"女子无才便是德"的封建时代,而她居然能熟读经史,擅长文辞歌赋,甚至学男人舞文弄墨。

正是这种宁愿选择"智慧",放弃"庸俗脂粉"的选择,才让历史上出现了诸如"生当作人杰,死亦为鬼雄。至今思项羽,不肯过江东"这样优秀文辞的出现,也才让李清照这名女子在历史中占有了一席尊位。

所以说,对于女人来说,选择是多么具有智慧的一件事情。合适的选择收获的不仅仅是生活的富足与感受上的开心幸福,还有人们的尊敬与仰慕,历史的赞美与永存。人的一生,那么匆匆,女人可以引以为傲的美丽容颜也很快就会逝去。如果在这匆匆的一生中能在世上留下曾经到过的足迹,印下自己曾经美丽飘逸的模样,这对女人是一种最大的荣誉。

只有正视自己，才能做出"量身定做"的选择

女孩子是花一样的人。因此，如果不能在适当的时间、适当的条件下吸收适量的水分和养分，她只能蔫蔫地逝去。而所谓的适当时间，适当条件指的就是做选择时的自我剖析，亦即对自己的正视。

人，在降临人世的第一刻起，就拥有了一个属于自己的身体与机能，不论是完美抑或残缺，也不论是聪慧还是愚笨，都将一辈子跟着你。可时下，有很多的女孩子不是抱怨自己的脸蛋不够漂亮，就是抱怨自己的身材不如魔鬼，更有甚者，还抱怨没有一个家财万贯的老爹老妈做坚强的后台。

这其实都是一种肤浅到愚笨的思想。这些思想的产生源于这些女孩子没有一定的自我认可、自我分析能力。那么在以后的生活中难免会出现：不能用正确的态度面对生活给予的一切，不能在人生重要的关口做出明智的选择。而这些行为的结果只能是让人感觉人生的苦闷，不如意，进而产生出消极颓废的念头，以至恶性循环让生活越来越不如意。

中国历史上唯一一个正统女皇帝武则天就是一个典型的例子。可以毫不夸张地说，她的一生能有如此辉煌的成就（既是皇后，又是皇太后、皇帝，还是女诗人），都是源自她不断分析自我之后作出智慧选择的过程。

武则天的父亲武士彟当初只是个山西木材商人。照理说武则天在这样的环境下长大，应该就是一个旧时社会常见的"刁蛮商人女儿"的角色罢了，但偏偏她小时候就很好学，还喜欢读文史诗集，因此颇有才气。

好读书、有才气的武则天，毫无疑问要比别的女孩子有智慧得多。她因此很善于剖析自己，这才会让她入宫先是被选为唐太宗的才人（正五品），受到唐太宗的宠爱赐名"武媚娘"，后来又同唐太宗的儿子，也就是后来的高宗李治产生了感情。

当时,在贞观二十三年(649年)唐太宗死后,作为唐太宗才人的武则天和部分没有子女的嫔妃们一起被赶入感业寺当尼姑。按照封建的传统,这等于是判了这些女人们一辈子的牢狱命运。但偏偏武媚娘是个不轻易认输、有着超常智慧的女子,她始终相信我们今天提倡的"事在人为","命运掌握在自己手上"这些观念。

于是,在哭闹哀叹命运不公的同时,她开始了自我剖析的过程。按照当时的实际情况,她认为自己比别的嫔妃胜出的第一点在于自己有才气,曾经是太宗的才人,因此在这点上面可以大做文章。第二,她曾经在太宗病重的时候和李治建立了一定感情,李治现在是国君,这点也可以被她所利用。第三点,李治的妃子萧淑妃专宠引得王皇后嫉妒。

因此,在这三点有利条件的驱动下,永徽二年,皇后终于复召武则天入宫,企图"以毒攻毒"对付萧淑妃,而这年武则天已经26岁。26岁,对于宫中众多年轻貌美的嫔妃来讲,已经是一个"老人"了。可这对于武则天却没有产生什么阻碍作用。她是个靠智慧生活的女人,非常懂得不断剖析自己,找到自己的优势,从而获得李治的认可与宠爱。

当然,如此懂得经营自己智慧的女子回宫后就迅速帮助王皇后打败了萧淑妃,也顺便拖垮了王皇后,独得高宗的宠爱。回宫第二年她便升为昭仪(二品),此后一步步地位飙升。而随着地位的变化,武则天的欲望也水涨船高,开始动起了当皇后的念头。

如果当初不是武则天善于剖析自己,做了智慧的选择,她以后的一生很可能就和那些普通嫔妃们一样,在寺院里面孤独终老。所以,很多时候,哭哭泣泣、感世伤怀并没有多大的用处,优秀的女人要想获得自己人生的幸福与成功,只能是彻彻底底、完完整整地把自己剖析一遍,然后做出正确的选择。

"以色事人,是不长久的",这是武则天在教导她的外甥女贺兰氏时,说的一句话。当时的贺兰氏正对镜梳妆,看着镜中的自己年少貌美,就如春风里摇曳的花朵,因此对于姨妈历经无数艰难凶险总结出的人生箴言,并没有让它们扎进她的心里落地生根。相反,在她幼稚天真的脑海中,认为女孩只要像花儿一样漂亮就能得到皇上的恩宠,自然而然就可以拥有世间的一切。因此,屏幕中的她轻蔑一笑,从年长色衰的姨妈身边飘然而去。

几天后,她就为她的不动大脑,幼稚无知付出了代价。香消玉殒原来如此之快。那迷人的面容,婀娜的身段,只能随着不善于分析自己的懒惰与无知埋在泥土里,慢慢化为乌有。不知道到那个时候,她九泉之下是否明白了"女人生存该用脑"这句话。

因为拥有了过人的智慧,善于剖析了解自己的优劣势,武媚娘才能从芸芸后宫三千佳丽中搏杀而出,消灭掉拥有庞大势力的王皇后、萧淑妃而爬上皇后的宝座。最后又在封建社会那个男性做主的世界里杀出一条血路,到达权力的顶巅。这位让中外后人惊诧的奇女子,用她一生的翻云覆雨,证明了女性得善于分析自己才能用智慧做出正确选择,从而生存这个浅显却没几个人履行的道理。

如果将选择比喻成是通往不同人生的一条路,那么善于分析、剖析自己就是修筑"幸福、成功"这条大道的基石。只有在这些基石累积堆砌的基础上,才可能会获得正确的选择,进而才能够获得我们渴望的成功。所以,想追求幸福生活的女人们,不要认为"剖析自己"是男人的专利,它在做正确选择上作用非凡,同样适用于女人。

与其盲目羡慕别人,不如悦纳自己

极少人对自己现在的状态满意。尤其是女人,女人最喜欢抱怨不公,也最喜欢攀比,总是不自觉地和别人比较,不自觉地互相羡慕。

这个世界上根本不存在完美的人生,我们任何一个人都不可能拥有所想要的一切。其实,生活给我们的不会多,也不会少,而且我们所羡慕的人,也常常有他们的烦恼,也承受着他们的不如意。

那就让我们再从下面这个例子中体会一下吧。

曾经有一位高音歌唱家,刚过而立之年,就已经闻名全国,而且她还拥有一个幸福美满的家庭。

有一次,当她刚举行完一个成功的音乐会准备离去的时候,她和家人被一群狂热的观众团团围住。人们争先恐后地与这位歌唱家攀谈起来,赞美与羡慕之词充盈着整个会场。为了表示对大家的谢意,她没有拒绝大家。

这时大家的赞美之辞纷纷而来,有的人恭维歌唱家少年得志,很年轻就走进了国家级剧院;有的人恭维歌唱家年轻有为,将来必有更大前途。

人们议论纷纷,歌唱家只是静静地听,微微地笑,什么也没有表示。等到人们把话说完后,她才缓缓地说:"首先我要谢谢大家对我和家人的赞美,也感谢你们对我的支持和鼓励,我希望把我的幸福和快乐也带给你们。但是,你们只看到了事情的一方面,还有另一方面你们没有看到,那就是我活泼可爱的小儿子,是一个不会说话的哑巴。"

人们震惊了,你看看我,我看看你,大家面面相觑,不知说什么好,似乎很难接受这样的事实。这时,歌唱家又心平气和地对人们说:"这一切也许并不意外,它只能说明一个道理,那就是,上帝是公平的,给谁的都不会太多。"

事实上,人们都习惯把自己最风光的一面展现给大家,而女人又总愿意把别人的生活想得过于完美,可是又有谁能看到风光背后的东西呢?就如同那个女高音歌唱家一样,风光的背后,也有难以言说的不幸。看到上面的故事,我们都会发出一个感叹:生活是公平的,给予此就不会给予彼。给谁的都不会太少,给谁的也不会太多。很多时候,得到的多意味着所承担的也多,每件事就像一枚硬币一样,有正面就一定会有反面,而我们却总习惯看正面。

还有这么一则动物寓言:猪说假如让我再活一次,我要做一头牛,工作虽然累点,但名声好,让人爱怜;牛说假如让我再活一次,我要做一头猪,吃罢睡,睡罢吃,不出力,不流汗,活得赛神仙;鹰说假如让我再活一次,我要做一只鸡,渴有水,饿有米,住有房,还受人保护;鸡说假如让我再活一次,我要做一只鹰,可以翱翔天空,云游四海,任意捕兔杀鸡。

这是很有趣的一则寓言,"这山望着那山高",忽视自己的优点,而选择羡慕别人。其实我们女人也常常是这样,互相羡慕而不自知。

经常听到有些女人抱怨自己生不逢时,怀才不遇,或者感叹上苍不公,名利、富贵与自己无缘等,然而却对自己的拥有视而不见。因此,我们不要只看到或羡慕别人的拥有,而看不到自己的拥有,也应该认识到,自己有的别人却未必有。

其实,一个女人只要能够来到这个世界就是一种福气。无论你是谁,身在何处,一定会有许多或熟悉的或陌生的人在羡慕着你。试想我们在羡慕别人的时候,而自己也竟是别人眼中的风景,这样,我们就会心平气和一些,心满意足一些。因而不要放弃自己的优点而选择盲目地羡慕别人。

虽然有些女人的人生的确比自己的要完美和丰富,可是我们常常忽略一点,这就是由于我们之间不同的出身、不同的经历、不同的教育背景、不同的性格都会造就不同的人生,哪怕中间有一点差池都会相差千里。并且那些拥有比自己完美、丰富的人生的女人,也是因为她们善于经营自己的人生,并有足够的智慧让自己的人生更加精彩。因此,与其仰望别人的幸福,不如学习一下别人经营生活的智慧;与其一味地羡慕别人的好运气,不如让自己看到别人努力的过程。

慢慢的你会发现,在羡慕小孩子的清纯率真的同时,而他们也在仰慕你的成熟稳重;你在向往男人的坚强豪放的时候,男人也会偷偷艳羡你的娇嗔灵动;你往往钦慕名人的卓越尊显,而名人又何尝不垂涎你平凡自适的生活……

别人是我们眼中的风景,但她们脚下的泥泞只有她们自己才知道。其实我们每个人都是如此,因为距离,在彼此的眼中成为风景,而脚下的坎坷只有自己可以看得到。女人们,放弃自己的自我菲薄,不要再去盲目地羡慕别的女人啦,选择和自己赛跑吧,相信自己,做最好的自己!

正确面对人生得与失

人生本身就不是十全十美的,有得必有失。然而,"祸兮福之所倚,福兮祸之所伏"。得失之间是相互依存的,因此,一个聪明的女人就要学会正确地面对人生得与失。

失去固然令人心痛,也令人悲哀,然而人生最难能可贵的特质在于明知道会失去,却仍勇于追求。失去之前是获得和拥有。但换一下角度说,如果没有得,就不会有失。如果我们不想为失去伤心,也就没有必要费力气去追求。但人生又怎能停滞不前呢?

或许,你辛辛苦苦得到的,并不是你想要的东西,也许你追求的东西永远是水中月、镜中花。但是它却照亮了你人生遥远的希望。所以不要把"失去"当成人生无限大的沮丧,也不要把"失去"当成人生中的大挫折和大失败。在适当的时候要懂得放手,因为失去是为了前面还有一个全新的正等着。

在很久以前的苏格兰,曾有一个叫克拉克的人,靠拼命工作和勤俭节约攒下了足够的钱,办好了护照,买好了船票,准备带着儿子去美国旅游。

然而就在出发前,克拉克的小儿子被狗咬伤了,医生告诉他,他的小儿子很可能会有患狂犬病的可能,需要留院检疫。

全家的梦想在突然之间破灭了,他们无法按照计划进行美国之游,克拉克气愤至极,只能站在码头上望船兴叹,心中埋怨儿子和上帝给他们带来的不公。

几天以后,一个骇人听闻的消息传遍了苏格兰,巨大的"泰坦尼克"号游轮沉没了,这个被称为永不沉没的巨轮首航就夺去了许多人的生命。

听到这个消息后,克拉克紧紧拥抱着小儿子,感谢他救了全家人的生命,他也感谢上帝把一个悲剧转化为莫大的福分。

其实生活往往就是这样,悲喜总是互相转换的,正如我们经常说的那句话,塞翁失马焉知非福?

正面认识得与失,人就会在得到的时候,懂得必然的失落;也会在失落的时候,懂得如何从失落中找回自我。

拥有和失去是人生常有的事,作为女人都应该学会习惯于失去,并善于从失去中有所得。受挫一次,对生活的理解便加深一层。举得起,放得下,叫举重;举不起,放不下,叫负担。做你喜欢做的事,并把它当成是一种乐趣,这样并不一定意味着生活过得轻松,但绝对可以让自己活得更精彩。

人的一生,生命有限,欲望无限,一生中得与失总是交错地与我们形影相随,没有人一直都会成功,也没有人一直会失败。不妨学学古人"宠辱不惊,闲看庭前花开花落","去留无意,漫随天外云卷云舒"的淡然和从容。

生活是一种冒险,女人需量力而行

一个人活着本身就是一种风险,但是我们不能因为有风险就放弃生命。同样,在我们做事的时候,也会遇到各种各样的风险,我们可以选择直面,也可以选择放弃它。作为女人,更要首先明白这个道理:尽力而为,还要量力而行。

人们常说"有志者事竟成"、"坚持就是胜利"、"世上无难事,只怕有心人",然而事实上"想干什么"和"能干什么"之间却存在着很大的差别。那些远远超出自己实际能力的宏图大志、冲天抱负,不但会给人带来力不从心的重负和壮志未酬的遗憾,更重要的是耗费了成就力所能及的事业的精力。那样,除了接受挫折外,别无选择。

从前有一只老鹰被人捕捉后用锁链拴在栅栏上,每天看到头顶上自由飞翔的小鸟,它就黯然神伤,它想:"如果我也能像它们一样自由自在,那该多好啊!"随着时间一天天过去,它挣脱锁链的愿望愈加强烈。这一天风和日丽,几只小鸟在蓝天白云下嬉戏歌唱,老鹰实在忍不住了,"蓝天才是我的家呀!"于是它用尽全身力气,终于挣脱了锁链,可是同时它还发现自己的翅膀在挣脱时被折断了。虽然它试图飞起来,但是所有努力都是徒劳的,它每次起飞不到半米,就会栽在地上。

这只老鹰确实尽力而为了,但是却没有量力而行,所以导致本来拼命追求自由,得到的却是永远的不自由。

从这个故事中,我们可以明白这样一个道理:一个人,凡事都应该明白自己的原则和底线,要根据自己能力的大小,量力而行。只有这样,才既不会在盲目的攀比中失落,也不至于跌伤自己。

一只老鹰从鹫峰顶上俯冲下来,将一只小羊抓走了。

一只乌鸦看见了,心里非常羡慕,它想:要是我也有这样的本领该多好啊!于是乌鸦模仿老鹰的俯冲姿势拼命练习。

一天,乌鸦觉得自己练得很棒了,便哇哇地从树上猛冲下来,扑到一只山羊的背上,想抓住山羊往上飞。可是它身子太轻,爪子又被羊毛缠住,无论怎样拍打翅膀也飞不起来,结果被牧羊人抓住了。

牧羊人的孩子看见了,问这是一只什么鸟。牧羊人说,这是一只忘记了自己有多大能耐的鸟。

这则小故事告诉我们,做什么事情都要根据自己的能力而定,不要做自己力不能及的事,这样不自量力只能让自己头破血流,或者误入歧途。所以,我们在做事情的时候,不要过高估计自己的德行和自己的力量,一定要量力而行,量体裁衣,既要知己,也要知彼,只有这样,方能有更多胜算。

因此,凡事都要尽力而为,也要量力而行。对某些人而言,他们所确立的成功目标不切实际,或许是永远都无法实现的。所以,如果一个女人,凡事不仅尽力而为,还能根据自身的条件量力而行,又经过全面权衡以后,懂得放弃自己不能办到的事情,那么她就是一个非常明智的女人。

有主见地选择才不会无意义地盲从

盲目追逐流行风潮的人,决不是有个性的人,更多的是为了满足虚荣心。女人不应该随波逐流,要走自己的路,要有自己的个性,自己的特色。女人要学会选择,选好自己的路,定好自己的位,不能盲从,这样才能走出精彩人生。

在生活中,女人的思想和行为很容易受到他人的影响。有时候,当你的观点与其他人不同时,即使自己坚信是对的,有时也会迫于众人的压力,放弃自己的意见"随大流";参加活动时,为了和大家保持一致,有时你会选择"委曲求全"等等。然而,在一些情况下女人要学会选择,坚持自己,决不能盲从,要学会选择适合自己的生活道路。

三名来自不同国家的将军在一起谈论什么是勇气。

德国将军说:"让我来告诉你们什么是勇气吧!"于是他叫过一名水手对他说:"你看见那根 100 米高的旗杆了吗?我希望你爬到顶端,举手敬个礼,然后跳下来。"德国水手毫不犹豫地照办了。

"很好。"英国将军称赞道。他对一名本国的水手命令说:"看见那根 200 米高的旗杆了吗?我要你爬到顶,敬礼两次再跳下来。"英国士兵严格地执行了长官的命令。

"啊,这真是一次精彩的表演。"美国将军说,"但是我现在要你们见识一下我们美国军人对勇气的理解。"接着他命令一名水手:"我要你攀上那根 300 米高的旗杆顶端,敬礼三次,然后跳下来。"

"什么,要我去干这种冒险的事?先生,你是不是神经错乱了?"美国士兵瞪大眼睛说。

"瞧,先生们,"美国将军得意地说,"这才是真正的勇气呀!"

就像上面有趣的例子告诉人们的"盲从不是真正的勇敢"。每个人的潜意识里都有不同程度盲从流行的行为倾向。有的人不随着时代潮流的脚步走,心里就会莫名其妙地觉得忐忑不安,深怕遭到别人的嘲笑和轻视。英国作家罗斯金里曾深刻地指出:"最喜爱追求翻新和变化的人,是意志最脆弱和心地最冷的人。"假如不改变这种盲从的心理,一个人的注意力将会停留在模仿别人的阶段,永远不会有自己的主张。

说到女人的盲从,最常见的例子就是买东西。不管自己是否真正需要,只要看到商场降价销售或别人疯狂抢购,大多数女人就会不由自主赶紧加入排队的行列。这种盲从的女人到处可见,也充分显露出缺乏自主观念。吃饭、买东西这类小事可以一窝蜂,但若遇到关系着自己一生幸福的重要大事,却缺乏主见,不会判断,以别人的意见为意见,那将会何等可悲呢!

曾在Google担任全球副总裁的李开复先生在哥伦比亚大学法学院读书时,发现自己真的不喜欢法学专业,他发现自己的爱好是计算机,而当时法律专业是哥大的名牌专业,在全美排行第三。计算机只是学校的一个新开专业,如果选择计算机这个基础并不厚重的专业,前景远没有选择法律明朗。然而李开复更多的是考虑自己的兴趣,并没有让现实的就业问题影响自己的判断,毅然决然从别人羡慕的"热门"转向了"冷门"。后来,他曾说:"如果不是当初的选择,或许今天我只是一个并不成功的普通律师,做着自己并不喜欢的事情。"

可见关键时候的选择是多么的至关重要,拥有选择的智慧对一个人来讲是多么的重要!女人当然也概莫能外。人与人之间是有区别的,不用太羡慕别人。她们或许去经商赚了大钱,从政做了高官,但你自己也有她们没有的东西。寻到它,好好发挥,等你把自己的爱好发挥到极致,成功就离你不远了。那时,你会为自己当初智慧的选择而感到庆幸。

女人总是容易羡慕别人,也因此就找不到原本的自己。羡慕过后,往往去模仿,会去参照,希望有朝一日能够活得像心中羡慕的那人一样。回想一下你前面的人生,有多少是因为盲从,中途放弃了自己原来选择的路,不是因为碰到死胡同,而是因为沿途的风景让自己迷失了方向。

走自己的路需要勇气,选择自己的路需要智慧。当选择完后,人们才需要执着,那种能够抵御诱惑永往直前的劲头。所以,坚持自己的路,至于别人的故事,就当作是路途上的趣闻,而决不是路标。

因此,女人一定要学会克服盲从的心理,学着走自己的路。走自己的路的意思,就是要有自己的个性,有自己的特色。路,要自己走出来才有意义,如果老是循着他人的路走,那人生将无法留下自己真正闪光的足迹,定会遗憾终生。

正如爱因斯坦导师所说:"只有在未干的水泥道路上才能留下属于自己的脚印。"选好自己的路,定好自己的位,才能走出精彩人生。

学会选择和放弃，掌握人生的主动权

我们的一生中，每一个阶段都要进行选择与放弃，人生也可以说就是不断选择与放弃的过程。正是人生中的每一个选择和放弃，成了决定我们人生航向的两个标杆。所以，无论身处怎样的环境，女人都先要学会选择和放弃，谙熟取舍之道，这样才能掌握人生的主动权。

人的一生不可能永远徘徊在十字路口，总要进行选择和放弃。明智地选择与放弃，才可以轻松掌握人生的主动，不留遗憾，到达成功的彼岸。

有位刚毕业的美国大学生，即将到最艰苦也是最危险的海军陆战队作战部门去服役。虽然他有很多的不情愿，但无奈这是国家的规定。

这位年轻人自从得到这个消息后，就开始担忧自己的安全。他的祖父是美国某州的参议员，看到孙子一副忧心忡忡的样子，就开导他："孩子，这没什么好担心的。要知道，如果你一定要去做一件事，那么你只有去面对。其实当兵也没什么可怕的，你到了那儿，你就有两个去处：一是分配到内勤部门，一是去外勤部门。如果分配到内勤部门，就完全不用担心了。"

年轻人问爷爷："那要是分配到外勤部门呢？"

爷爷说："那同样有两个去处：一个是留在美国本土，另一个是分配到国外的军事基地。如果留下来，那也没什么好担心的啊。"

年轻人又问："那要是分配到国外的军事基地呢？"

爷爷说："那也还有两个机会：一个是分配到和平而友善的国家，另一个是分配到维和地区。如果分配到和平地区，那就不用担心什么了。"

年轻人继续问："那么要是分配到维和地区呢？"

爷爷说:"那同样还有两个机会:一个是安全归来,一个是不幸负伤。如果你能安全归来,那又担心什么呢?"

年轻人问:"那要是不幸负伤了呢?"

爷爷说:"那你依然有两个选择:一个是能保全生命,一个是完全救治无效。如果尚能保全生命,也不用担心了。"

年轻人说:"那要是完全医治无效呢?"

爷爷说:"那还有两个机会:一个是作为敢于冲锋陷阵的国家英雄而死,一个是唯唯诺诺躲在后面却不幸遇难。你当然会选择前者,既然会成为英雄,我们更没什么好担心的了,孩子。把脸向着阳光,这样就不会见到阴影。生活中肯定有阴影,当然肯定也有阳光,你的选择决定了你的人生航向,两种人生都是要花费一生的时光,然而却有截然不同的历程,关键在于你选择什么,放弃什么。"

其实不仅仅是故事中的人物如此,每一个女人在生命中都会面临着各式各样的选择,如何选择也就注定你能否成功。正如这位明智的爷爷所说,"你的选择决定了你的人生航向。"而最好的选择,需要一种独特的眼光,掌握选择的主动权才是真谛。

作为女人,如果想要掌握人生的主动权,只有主动地把握最主要的矛盾,解决最紧要的问题;还可以将各种因素的利弊综合起来,用最为理性的思考,选择一条最适合自己的道路。

一只老虎在山里奔跑的时候,一不小心踩上了猎人设放的捕兽夹。它的一只前爪被夹住了,疼得嗷嗷直叫。突然,它好像听到了什么声音,仔细一听,原来是猎人们拿着刀叉和弓箭走过来了。万般无奈之下,老虎奋力折断了前爪,跑掉了。

回到自己的洞中,老虎非常难过,它想:"可惜呀!我的那只前爪,指甲是那样的锋利,皮毛是那么的漂亮,现在我成了一只瘸老虎了。"

但是,不久它又想:"虽然我失去了前爪,但我得到了生命,如此选择和放弃不是最好的结果吗?要不然等猎人到了,我就会被抓住,连性命都不保了。"

想到这里,它不由得又为自己逃脱厄运高兴起来。

选择是对放弃的诠释,有时候放弃是一种明智的选择。就像故事中的老虎一样,性命比一只前爪重要多了吧。女人如果选择成就一番事业,就必然要放弃安逸的享受;选择淡泊的生活,就必然要放弃名利的诱惑。只有这样学会选择和放弃,才可以在有限的生命中,抓住自己最需要的,舍弃不必要的负担。

女人在面临问题时,也要"两利相较取其重,两弊相较取其轻",这样才会更加成熟。明白了这一道理,学会选择与放弃,谙熟取舍之道,那么你就掌握了自己人生的主动权,就是人生的胜者。

笑对得与失,静看成与败

我们经常听到,"胜败乃兵家常事",其实胜败岂只是"兵家"常事。人生的精彩在于,它不是完美的。不完美的人生也是同样精彩的。我们每一次经历,无论胜败、得失,都是一种财富。沉湎于得失之间苦苦挣扎与追逐,人生的价值将在这种疲惫的状态中慢慢消退。若一个女人,能超脱其外,笑看得失,观赏其背后的精彩,审视此中之真谛,也许生命的光彩将能更加持久地闪亮。

我们每个人对于得失,要认识分明。世上的事不是尽如人意。有些东西,有些时候,即使我们非常努力,即使我们小心翼翼,还是难以避免(比如难以预料的天灾)。在面对失去时不如一笑置之,就让它顺其自然。下面一个故事或许会给我们一些启示。

有三个跑单帮的商人,各推着一车陶瓷用具去做买卖,车上都是杯子、盘子等易碎的厨房用品。

他们来到一座又高又陡的大山,山路全都是羊肠小道,路的一边是高不可攀的山壁,另一边是深不可测的沟壑,地势非常险峻。第一个人刚刚推上一段山坡,一不小心,就把车子弄翻了,所有的东西都打碎了。

第二个人运气比较好一点,他推上了半山腰,但碰到了一条突出来的树根,车子一翻,同样没有剩下一个完好的器皿。

第三个人费尽千辛万苦,终于推到了山头,却在喘一口气之后,一不留神,车子滑了下去,全部用品都倒在地上,没有一个不破的。

三车器皿都打碎了之后,三个人便坐在山顶上谈起来了:"说到爬山的本领,自然是我最差,但我省下了许多力气呀!"第一个人说。

"我恰好花了一半的力气,却也爬上了一半山,所以我也没有吃什么亏!"第二个人说。

"只有我是爬到了山顶,我的成就最大!"第三个人说。

一个路过的老人听到他们的谈话,帮他们下了一个结论:"你们每个人都有不同的优点和长处,虽然结果都是一样的,但努力的过程是值得肯定的。"这三个人得到了老人的鼓励,就快快乐乐地推着空车回去了,准备重新来过。

或许会有人嘲笑故事中的三个人"五十步笑百步",三车器皿都打碎了,还有什么值得夸耀的?其实他们的做法是很明智的,为已经破碎的瓷器耿耿于怀是不值得的,而且于事无补。至少学会欣赏他们"快快乐乐地推着空车回去,准备重新来过"这份超然的心态吧。

国人往往把成败得失看得太重,生活中,人也都是欢喜得,不欢喜失。"塞翁失马,焉知非福。"要知道人的一生,总在得失之间,在失去的同时,也往往会另有所得。女人只有认清了这一点,才不至于因为失去而后悔,就能生活得更快乐。

作为女人,对于得失,更需要取舍明智。在取舍的时候就必须权衡其价值、意义的大小,才能在取舍得失的过程中把握准确。当然,做一个聪明的女人就要明白鱼和熊掌不可兼得的道理。为了事业的成功,而失去了享受生活的时光;为了得到更多的金钱,而失去纯真的梦想;甚至为了功名利禄,而失去人格和尊严。这样的女人即使有了自认为的成功,也不会得到真正的成功与幸福,别人也不会以真诚的笑脸相待。

作为女人,对于人生的成败得失,态度一定要坦然。生活所赐予你的,就好好珍惜,不属于你的,也不要自寻烦恼。另外,一个人可以因得而喜,但要喜而不狂;因失而忧,但要忧而不虑。这样的态度,比那种患得患失、斤斤计较的态度要开朗得多,比那种得不喜、失不忧的淡然态度要积极得多。因为患得患失是不理智的,得失不计是不现实的。该得则得,当舍则舍,才能坦然地面对得与失,找到生活的意义。这样的得失观才是比较客观而又乐观的。

每一个人的一生都是在"得"与"失"之中度过的,世上的"得"和"失"是一种互为的关系,生命的规律,就是"得"与"失"的无形交替。只有全面认识得与失的女人,才会在得到的时候,懂得将会有的必然失落;也才会在失落的时候,懂得如何从失落中找回自我。世界上没有永远的得志者,也不会有长久的失意者。得也好,失也罢,笑对人生才是最好的方式。而往往能够笑着看待成败得失的人,才有着继续奔向幸福的动力,有着乐观开朗的心态,战胜失败的自己,挑战成功的自己,收获更大的成功。

大气"舍得",惊喜"多得"

日常生活中,人们总是用"舍得"来形容一个人的慷慨,仿佛那层"舍得"是从他的肉里割下了致命的一块一样显得珍贵。其实,"舍得"该是一种人生必备的素养。正如著名作家贾平凹所说:"舍与得实在是一种哲学,也是一种艺术。"

"舍得"如果拆开来看,有舍,有得,先舍后得。也就是说人生只有在不断舍的过程中获得,进而周而复始地演绎一个个先舍再得的过程。蝉因为舍弃了厚重的束缚自己的外壳,所以获得了在树上高声鸣叫的自由;壁虎因为舍弃了短短的尾巴,而获得了另一次生命的延续……

作为人,一辈子都在这种得与舍之间徘徊,最终有人有了大舍得到了大得。作为女人,一辈子都在扮演着多重的角色,有女儿,有母亲,有上司,有下属,有债权人,有债务人……最终有人获得了快乐成功的人生,创建了美满幸福的家庭,开心地活着;有人因为舍不得,也就只能烦闷地过着平平淡淡,没有激情与色彩的生活。

俗话说"舍不得孩子套不着狼"。这一点在很多成功女人身上都有表现。当初放弃如日中天的事业选择隐退进修的杨澜就是其中之一。

杨澜在1990年从北京外国语大学毕业之后,就成为了中国中央电视台《正大综艺》节目的女主持人,并因为良好的主持风格受到了观众的喜爱。1994年,她获得了中国首届主持人"金话筒奖"。这正是她的事业如日中天的时候,但是谁也没有料到,她此时却选择了隐退进修。当时,她退出让人羡慕的电视台,到哥伦比亚大学进修国际事务,并于1996年以全优的成绩获得哥伦比亚大学国际事务学硕士学位。

这是杨澜人生中的第一次大舍。那时,很多的人都不能理解她的这种做法,认为她当时已经到人人艳羡的地步,沿着那条路走下去她的人生将是一片五彩。可现实证明她的这种大舍换来了她以后人生的大得。她取得硕士学位,在能力和自身素养上大大提升,为她以后的事情奠定了基础。

1999年10月她又再一次放弃自己的"好工作",再一次舍弃名利——离开凤凰卫视中文台,但换来的得却是担任阳光文化影视公司(香港上市公司,现改名为泰德阳光)董事局主席。之后于2000年,她创建了第一个以历史文化为主题的卫星频道——阳光卫视。

如果从当时看起来,杨澜的放弃真的"愚蠢之极"。因为对于那个时候的她来讲,荣誉高、收入丰,可以说是名利兼收。按照常人的观点:放弃这么好生活的人一定是个傻子。但实践证明了杨澜选择的正确性。她虽然舍弃了当时的名利光环,但看看她现在的收获:阳光媒体投资控股有限公司主席。而阳光媒体投资控股有限公司现持有11家亚洲地区媒体类企业公司的股份;含有31种各类杂志、3种不同类型报章、10条电视广播频道、3个门户网站及多类型互联网、多媒体产品、教育及学院投资、体育/赛车运动以及音乐娱乐事业等。而在2000年和2001年,阳光文化更是两次入选由世界权威财经杂志《福布斯》评选的全球最佳小型企业。

从这些可以看出,杨澜当初的"离去"给她带来了更多的"得到"。如果当时她继续过名利双收的生活,她现在顶多就是一个出色的主持人,但她舍弃那些名利光环后换取的却是更大的发展空间。现在的她既是优秀主持人,又是企业经营者。

现在的杨澜可谓商界"叱咤风云"的女强人。但她坚持认为,自己当初从《正大综艺》的"出走",不是什么大不了的转型。她说,"90年代初中国还不是特别开放,《正大综艺》实际上是给国人介绍国外风土人情和知识的节目,严格说来是一个益智类的节目。"所以她选择了静修来增强业务能力,并转型做了深度访谈节目。

我们可以看出:任何情况下,舍弃并不一定就是自己拥有的失去,相反,说不定能给自己带来更大的收益。这就像商人做生意,表面上看起来是舍去了钱财,实质上充当的是投资者的角色。等到后来生意做起来的时候,那些"舍弃"都会变成更多的"获得"回来。

所以,对于女人来讲,不论是工作还是学习,也不论是爱情还是友情,只要在适当的时候运用舍得的智慧,那么收获的将不是一点点,而是更多的"回报"。

卸下身上的包袱，轻装上阵

适度的压力是有必要的，它可以使人刻苦努力，拼搏进取，激发创造性，挑战自我，富有效率。但女人始终把压力背负在身上，得不到宣泄，就会觉得疲惫不堪，直至彻底被压力击垮。生活虽然充满了压力，但女人应该适时地把压力放一放，这样才可以享受到轻松的心情。

人们常说，男人比女人压力大，其实就压力程度来说，女人比男人更辛劳。男人恐怕很少能深切体会做女人的难处，尤其是在当今社会，节奏加快，越来越多的女人普遍受到各种各样的压力。女人一生都在负重前行，如今，女人身上肩负的已经远远不是简单的相夫教子了。

女人的压力表现在家庭、职业、金钱方面，其感到的压力远远超过男性。女人对家庭、事业抱有太多的理想，然而社会发展变革带来的动荡不安的经济状况、紧张的工作以及感情问题，都会让女人压力越来越大，也因此疲惫不堪。

在一堂成功学课程中，一位老师向大家提出了一个奇怪的问题："这本书有多重？"

同学们的目光落在了讲台前那本精装书上。"50克？""可能有40克。"大家你一言我一语地讨论着。

"有多重并不重要，关键是你能将它举过头顶后保持多长时间。举一分钟，同学们都觉得小事一桩；保持一个钟头，大家就会觉得头晕眼花了；如果真的要坚持一天，那可能就得被送进医院了。其实，书还是那本书，没变！

只是我们举得越久,就会越觉得沉重。

"同样道理,生活中的压力也是如此。我们应对压力——不论你是自愿还是被迫的——就像是需要将这本书举过头顶。无论书的重量是大是小,我们一直举着它,到最后就一定会觉得越来越无法承受,直到压倒。我们要做的只是放下书,放松手臂。哪怕只有一小会儿,都会让我们有喘息的机会。因此,各位,当你们在一段时间里承受着压力时,不要忘记在适当的时候好好休息一下,然后重新面对压力。这样你们才能坚持更久的时间。"

女人不要给自己太多的压力,尤其是有完美主义倾向的女人,要知道自己不是万能的,你不是超人,也不是蝙蝠侠。就算是世界上最先进的机器也需要定期地维护,何况是你是血肉之躯呢!

对于每个女人来说事业和家庭都是非常重要的,它们是人生的两大支柱,但在事业和家庭之间并非"不能两全",有一条原则不要忘记:不把工作带回家。不把工作带回家的大概意思是:职场是8小时的职场,当你离开办公室时别忘了将压力也同时留下,这样意味着你不把烦恼带回家,这样可以使自己的家庭生活和谐快乐,也让自己得到更好的休息,以更大的动力推动事业的发展。所以,要用心呵护自己的家,那个温暖的港湾。一天的工作结束之后,打开家门的时候,要把工作中的不快拒之门外,带一份好心情回家。

在现代这个竞争日趋激烈的社会中,人只要活着就有压力,压力也是生活的一部分。女人们生活在紧张忙碌的环境中,往往弄得自己身心疲惫,承受着巨大的压力:生存、供房、升迁、裁员、子女……即使回到家中还是会想着工作上的事情。现代人的工作压力太大,生活也就变得不轻松了。

有时候很多压力来自于我们生活的环境,比如:城市里的拥挤、交通阻塞、环境污染、就业压力等等。这些客观的情况,我们是改变不了的,但是我们可以调节自己的情绪和心态,去适应它。比如自己转移压力,消减压力。还有的时候压力是女人自己给加上去的。很多女人对自己要求太高,太过于追求完美,都希望能够出人头地,干一番事业。而为了实现事业成功,很多女人的生活处于极度的紧张状态中,长此以往,就会形成不健康的生活方式,甚至忧心忡忡,寝食不安。

当你面对很大压力,感觉自己快喘不过来气的时候,那就不妨暂时停一下。这时候不妨与家人、朋友倾诉,他们的鼓励可以抚慰你疲惫的心灵。女人要学会给自己减压,放松一下心情,做几个深呼吸,听一段喜欢的音乐,或是只是安静地坐一下,让头脑保持空白,或是让自己回忆以往快乐的事情等。女人可以通过合理安排事情,按照优先顺序,把事情简化,不要求自己面面俱到,就可以舒缓压力。

  人生就像一次旅行,如果背包里装着太多的心思,太多的烦恼,太多的欲望,就会变得很重。你的肩膀会被背包勒得很疼,你前进的步伐会变得吃力。为了到达旅途的终点,女人需要把一些不必要的东西搁下,轻装上阵。身上的背包变轻了,你的步伐也会变得轻盈,心里也会随之轻松愉快。

第二章

女人人脉课
修练女性交际魅力,让自己成为最受欢迎的人

　　世界因为有了女性,才充满斑斓的色彩和无穷的活力。如今,女性活动的内容及范围比以往拓展了许多。女人对人类社会的贡献,不再是囿于家庭,肩负繁衍后代的重任。女人也可以拥有自己的事业与追求,并且,可以积极地参与人际交往与社会活动。

　　女人交际能力如何,反映其情商水平。女人不但要有得体的打扮、美丽的微笑、文雅的言谈举止、灵动的双眸……更重要的是,还要有经营人际关系的睿智。这样才会让自己充满女性交际魅力。而且,女人若能很好地处理人际关系,不仅会使自己的事业如鱼得水,还会给自己的生活增添很多乐趣。所以,女人要经营好自己的人脉,做个富有魅力的女人。

有了家庭也不能丢掉朋友

传统观念中,女人的最好归宿是相夫教子,所以很多女人,当有了自己的家庭后,与之前的朋友慢慢疏远了,而且也不注意结交朋友,一心扮演"贤妻良母"。然而,对于女人来说,朋友也是相当重要的,更是必不可少的,有了家庭后也不能丢掉朋友。

不可否认,女人需要男人,需要自己的家庭。但男人不是女人生活的全部。女人可以回想一下,在遇到男人之前,还没有组成自己的家庭,那时候也过得很好,因为那时候女人也不是一个人,你身边有很多朋友。

"友谊是一种温静与沉着的爱,为理智所引导,习惯所结成,从长久的认识与共同的契合而产生,没有嫉妒,也没有恐惧。"所以在现实生活中没有人能缺少朋友,许多时候,朋友之间的关心、帮助、体贴胜过兄妹,胜过夫妻。而且,深厚的友谊往往比爱情更隽永、更真挚、更持久。

所以在离婚率持高不下的今天,友谊能让你多一些安全感。然而问题是,相当一部分女人,一旦有了爱情,就会全心全意地投入爱情与家庭,并且与过去的朋友明显地疏远,对曾经深深浅浅的友情也不那么爱惜了。她们情不自禁地沉湎于小家庭的欢乐,她们津津乐道地忙着一份属于自己的幸福小日子,至于朋友,有点顾不得了,似乎有无均可。因而,她们往往说:"哎呀,太忙了,都顾不过来了。"

其实,交友不仅是一种感情的碰撞、交流,还是生活的重要扩充。有了家庭以后,女人还是可以照常和朋友联系,无话不谈,可以煲电话粥,可以互相透露隐私,可以互相商量对付异性的方法。即便结婚以后,生活还在继续不是吗?就像很久之前,每当女人受了伤害要哭鼻子、发牢骚时,常常不是找自己的家人,而是找称得上"闺蜜"的朋友。

女人所有的喜怒哀乐,你的朋友都可以和你一块儿分享。女人在自己爱慕的男人面前,往往注重形象、谈吐,而面对朋友就不会这个样子。女人在朋友面前会"现出原形",吆三喝四,从不隐瞒,毫不保留,当然对方也毫无怨言的成为你的"垃圾桶",和你"同仇敌忾",也会找出你的不足,而且时不时指点你一下,担当你免费的智囊团。

此外,比较而言,男人比女人视野开阔一些,胸怀博大一些,因为他们有了家庭后也从未放弃其广泛的兴趣,仍具有探索与冒险精神,保持对外部世界的关注。而女人,如果有了爱情与家庭之后,一般情况下她的生活内容、方式就会被内外因素所圈定,因而她的视野、见地、经验、心胸等就会被限制。试想一下,整天和柴米油盐打交道,或者围着孩子、老公转的女人,其精力和热情分在其他方面的肯定会相对少。如果女人连朋友的交往热情都减退得一干二净,那么,她的生活、胸怀只能一天天的更窄更小,而这些,也正是导致许多悲剧的缘由。

可悲的是,女人自己并没有感觉到这些有什么不对,即使悲剧发生了,她们也意识不到,这正是"更窄、更小"的潜移默化的意识在作怪。女人一厢情愿地认为,只要自己专注了,负责了,就能看牢自己的幸福、维护家庭、守住生活。生活不是一成不变的,也不是容易看得牢、守得住的。生活需要不断变化,丰富,更新。而女人一成不变的"守",和固步自封的"看",只能使生活一天天地平淡、贫乏、平庸下去,而且家庭会出现危机。

独立、睿智的女人,不会把家庭当成自己的全部,也不会丢掉自己的朋友。所以,女人结了婚,有了自己的家庭,千万不要排斥掉自己婚前的一切,更不要丢掉自己结婚前的那些朋友。继续保持自己的社交活动,和朋友保持联系,和他们分享你的情趣、爱好以及生活的点点滴滴。只有这样不断地丰富、更新、变化与完善,自己的生活才会多姿多彩,家庭才会保持得长久,生活也因此更幸福。

哪些异性可以成为知己

女人往往有很多同性知己,异性可能有很多熟人,但没有轻易成为知己。其实在现代社会中人与人之间的交往逐渐密切,女人也可以找到适合的异性,让他们成为自己的知己,丰富自己的人生。

正常的异性交往,不是指诸如开会、问路、办公事等一般性的男女接触,也不等同于情侣之间的交往,而是男女双方自觉自愿,为某种共同目标,比如事业进步、丰富人生、愉悦感情等而进行的有益活动。这种交往常常最初在工作、学习、娱乐中加深彼此了解,然后结交成为异性朋友。异性朋友之间,和同性朋友一样,应保持高尚、纯挚的友谊。

女人和异性交往的好处是很多的。从不同的角度去体验和总结主要有以下几种:

首先,事业上可以互助。女人和男人在共同的事业中可以互相帮助,又可以得到彼此的赏识和鼓励;其次,智力上互偿。女人和男人智力理性偏重是有差别的,二者取长补短才可以共同提高智力水平;再次,气质上互补。男女之间的气质有所不同,各有优劣,通过潜移默化的交往,可以彼此影响;最后,精神上互悦,女人和异性朋友在交往中不可避免要谈到感情,这种情感交流是微妙的,期间的和谐、满足,以及喜悦也是在同性身上得不到的。

女人身边的异性到处都是,什么样的异性才可以成为知己呢?下面提供几种优秀类型男士供女人参考。

1. 和你从小一起长大的"发小"。

这是最好的人选之一。不管他现在有没有结婚生子,也不要在乎他的学历和工作,女人的童年中有他的影子,他的童年中也有女人的影子,这是最珍贵的。他对你的脾气喜好、优缺点的了解绝不亚于你自己,他从乳臭未干的时候就有保护你的"责任感",或许小时候和你一起玩过"过家家"。你若把这种人当成知己,他一定会对你"忠肝义胆",而且很少让你失望。

2. 大学时的同窗好友。

当然,这里所指的同窗好友不是曾经感叹"谁娶了多愁善感的你"那种极个别的男生,不能是爱慕过你,或是你爱慕过的男生。而且注意,是大学同学而不是中学同学,大学的时候是感情最纯真的一段,和昔日的同窗好友在一起是最不乏谈资的。你们曾经是一起海阔天空地畅谈理想、胡吹乱侃空谈爱情的哥们儿,你们拥有很多只有你们自己才有的珍贵记忆。和这类人在一起你可以卸下所有职场上的盔甲,自嘲当年的幼稚,磋商如今的难题。

3. 忘年之交。

女人可能只想拥有和自己年龄相近的异性,其实,既然性别不是问题,年龄也不是问题。我国古时候的名人雅士交友时,很多都有自己的忘年交。和父辈的男人交朋友,你往往会得到父亲般的呵护和指导。他的涵养或许你所不能及,正好和你的活力互为补充,而且他对你的爱护也会给你安全感。自己父母的唠叨,即使耳朵已经长出茧子,还是一只耳朵进,一只耳朵出,而同样的话,换做是他来说的话,就可能会有效果,能听得进去。不过,应该注意,你们是以平等的姿态交流,他不要"倚老卖老",你也不要"倚小卖小"。

学会与同事在合作中竞争

如果细算起来的话,女人和同事相处的时间,并不少于女人与其家人、朋友,然而女人或许和朋友、家人之间相处融洽、自然,然而面对同事时却并非如此。客观地讲,同事关系确实不同于私人朋友,女人和同事,同在一个屋檐下,感受同一份压力,为了同一个目标,在工作当中有合作也有竞争。

有些社会理论认为,人们在空间或心理上的接近会使情感上产生亲近感。所以,女人和经常合作的同事,有更多的机会进行工作、生活、思想上的沟通和交流,而且合作的时间越久,交往的次数越多,相互之间的情感也会越来越强烈。

女人和其中一部分同事由接触到相识、相知、相亲近,相互之间的交往和感情由浅入深,就会自然而然地成为朋友。能够做朋友的,往往是那些志趣相投、兴趣相近、观点相似、背景相同且没有严重利益冲突的同事。正是有了诸多的相似之处,彼此之间才能谈得来、渴望交往,才会相互关心、相互帮助,在真诚的合作和友好的竞争中共同发展。

同事成为朋友后,会给个人和工作带来许多益处。比如,更有利于满足他们建立友好亲近的人际关系的情感需要,在苦恼的时候有人倾诉,获得理解和心理上的支持。同事交往中的满足感,还可以使他们更加热爱自己的工作,促进彼此在工作上的支持和理解,在相互帮助中出色地完成各自的任务。也正因为这一点,单位领导大都努力给大家营造一个轻松、愉快的工作气氛,希望员工成为好伙伴、好朋友,以便更积极、主动、高效地工作。

当然,这并不是说所有同事都可以成为朋友,如同硬币的两面一样,和同事交朋友也是有一定风险的,尤其是涉及到升职和加薪等利益关系时。

所谓"同行是冤家",从工作上看,同事虽然成了朋友,但毕竟还是在一起工作,在合作中竞争,因此很难避免利益上的冲突。在大的利益冲突面前,同事朋友之间的友情、感情有时会成为其冲突的放大器,迅速使矛盾激化。有的女人和同事成为好朋友,分享了自己很多隐私,包括对单位和上司的不满,然而却被对方向上司打了小报告;有的女人靠自己的真实能力被提拔了,可被视为好朋友的同事却认为是女人瞒着自己背地里搞小动作爬上去的……女人这时会感觉受到了欺骗,也有一部分女人以泄漏对方的隐私来"报复",这样他们的关系越来越糟。

总之,女人工作的成功离不开同事的并肩合作,很多解决不了的难题会在与同事的沟通中茅塞顿开,而且同事可以对你的工作表现提出意见和建议。此外,在职场上,即使是朋友也要把竞争看作是正常的、积极的、任何人都无法回避的客观事实。与同事的公平竞争能提高工作效率,还能给女人动力和学习的机会。

女人其实应该理智地对待同事关系,把工作和生活界定得很清楚,保持同事之间适当的距离,既不要对同事过于亲密,也不能过于防备。女人要学会和同事在合作中进行良性竞争。

女人该如何展示交际魅力

每一个出入于各种社交场合的女人,都希望自己在交际过程中应对自若、左右逢源,充分显现自己的魅力,使自己脱颖而出。然而女人之间处世能力是有差别的,只注重交际礼仪是远远不够的,女性还要懂得展示自己的交际魅力。

女人身上蓄积着无穷的睿智,这种睿智体现最明显、最引注目的地方便是其交际魅力。也可以说,它是每个女人在如今这个社会能够取得成功的秘诀所在。那么交际魅力究竟表现在哪里,又该如何展示呢?

其一,注重你的装扮。

巴尔扎克曾指出:"衣着对于女子是一种语言,一种象征,一种内心世界的直接表达,反映一个时代的态度。"而女人的外在形象、衣着打扮,往往可以表现一个女人的身份地位和个性品位,得体的打扮会为你的形象增辉。

女人在打扮自己时,应注意打扮不是简单的涂脂抹粉,也不是喷洒高级香水,而是充分发挥你的想像,根据自己的情况,找到能体现个人风格的装扮方式。女人若能得体自然、别具风格、有恰到好处地打扮,也是一种自信的流露,会让人难以忽视其风采,自然而然也就别有一番魅力。

其二,保持你的微笑。

生活需要微笑,人际关系应该靠微笑来维系。女人在同他人交往中,投之以甜甜的笑容,发出理解、信任、尊重的信息,所得到的将是加倍的信赖、合作与支持。正如英国诗人雪莱说:"微笑,实在是仁爱的象征、快乐的源泉、亲近别人的媒介。有了笑,人类的感情就沟通了。"

微笑是女性美的形象的重要组成部分。人们赞美女性的温柔、贤淑、纯洁,都应该和女人的微笑相关,而且美好的女性形象寄存于微笑之中。比如,达·芬奇创作的不朽之作《蒙娜丽莎》,使多少人倾倒于"蒙娜丽莎"脸上迷人的微笑,它是如此给人以美妙的联想和震魂摄魄的力量。

所以,微笑是一门社交艺术,也是社交常用的方式。如果女人希望赢得他人相悦,希望自己成为到处受欢迎的人,必须时刻牢记保持微笑,因为没有人愿意见到一个脸上布满阴云的人。而且适当的微笑还会在某些特殊场合让你摆脱尴尬等。

当然,女人应当注意,脸上的微笑,不能与轻佻、挑逗混为一谈。如果女人不分场合、地点、对象,对人报以莫明其妙的"微笑",就把神圣、美妙、具有极大感召力的微笑降至轻佻不庄重之举了。这是女性应当忌讳的。

其三,让别人倾听你动人的旋律。

很多女人懂得打扮,懂得穿衣,懂得用香水,懂得社交礼仪,然而却不懂得善用声音,这样也会让女人的魅力大打折扣。

不少人看过有奥黛丽·赫本主演的《窈窕淑女》这部电影,主要讲的是一个卖花的乡下姑娘被培养成贵夫人的故事。训练从什么开始着手的呢?从声音开始,最先做的就是改掉她的地方俗语和口音,在留声机上一遍又一遍训练语音和语调,然后才是着装、姿态、社交礼仪训练。

声音能反映人体的很多状态,比如情绪、情感、年龄、健康状态、喜好等等。有心理学相关研究发现,声音决定了你38%的第一印象,当人们看不到你时,你的音质、音调、语速的变化以及表达能力决定你说话可信度的85%。

有人说"声音是女人裸露的灵魂",声音能透露女人心灵的世界。女人的声音是身体最美的旋律,它自然天成,魅力持久,而且可以在后天的努力之下越来越美。女人自己独特的轻柔而亲切的声音能传递关怀和温暖,能够穿越他人的灵魂,引起情感的信任,从而引起共鸣,并产生默契。

其四,培养你高雅的言谈举止。

正如歌德所说:"行为举止是一面镜子,人人在其中显示自己的形象。"

在当今这个人才辈出,竞争日趋激烈的时代,女人应该更新自己的观念,把握机会,在言谈举止方面,表现与众不同的自己,展现自己迷人的个性,这样才能得到别人关注和赏识的目光。

女人在交际中,言谈举止要自然、大方、得体。女人说话的时候,声音要明朗、清亮、悦耳,语速要适中,姿态、表情也要恰到好处打动人心。

此外，具有优雅的坐相，也可以表现女人的端庄、稳重、大方的特性，这是女性形体线条美的另一种表现。那么怎样的坐姿才算是正确的呢？一般坐满椅子的四分之三即可，两腿自然斜向放置呈流水形，注意不要两腿分劈或像男性那样翘起二郎腿，也不要来回晃动。两肩自然，下巴微微上翘，腰背向上挺直，而且不要来回晃动。这样会给人一种娴静、含蓄、深沉的美感。

女人在听别人讲话时，真诚地望着对方，微微地抬起头，并适当随声附和一些"嗯"、"是吗"、"真行"、"真棒"等话语和感叹，使对方觉得你在认真、愉快地听他说下去。善于听别人讲话的女人，会给人以尊重别人、讲礼貌、有涵养的感觉。

如今，人们对美的需求是多层次、多方位的。而高雅、独特的言谈举止，可以为你的第一印象加分，同时也是女人在交际中展示的魅力之一。

其五，恰到好处地使用你"会说话的"眼神。

对于女人来说，眼睛是其神韵所在。女人的目光和眼神如果能运用得恰到好处，可获得一种意想不到的收获。

女人的眼神，可以传递不同的信息，比如感兴趣、喜爱、厌恶、鄙视等。但在社交场合中，女人学会正确地、准确地运用眼神，并不是一件容易的事，需要经过一定的训练。首先要学会控制自己，不要随意地凭一时的好恶冲动来通过眼神传递情感信息。其次是判断力，即女人对自己社交对象的神态、眼神、语言等方面含义判断要准确，并据此作出适当的反应。此外，女人与人交谈时眼神的运用也要"神诚意达"，不要让人从眼神觉得你有些敷衍，并不真诚。

人们常说，"眼睛是心灵的窗口"。女人的眼神表达力比较强，可以折射出对人生经验的总结和反思，通过眼神也可以看出其比较丰富的思维活动。当然，眼神与女性的道德水平和文化素质不无关系，具有高雅气质和高尚情操的女性的眼神中给人以温柔含蓄、宽厚沉静等美感，但切忌不要有挑逗、卖弄的成分。

总之，得体的打扮，美丽的微笑，动听的声音，高雅的言谈举止，再加上"会说话"的眼睛，会令女人充满交际魅力。

女人在社交中的注意事项

交际是一种社会活动,同时也是一种能力。女人在交际中给人留下好的印象,就会达到良好的沟通效果,就会拥有比较多的成功机会和较高的成功几率。一个懂礼仪、善交际的新女性,是今天每个积极生活的女人必备的能力之一。

社交与礼仪是现代都市女性素质的综合体现,它不仅能丰富女性的人生,也能让它更具光彩和意义。

女人在社交中应该注意什么呢?

1. 不要交头接耳。

这是最基本的,同时也是被很多女人常常忽视的社交礼仪。耳语是被视为不信任在场人士所采取的防范措施,所以在大庭广众之下与同伴耳语是很不礼貌的事,也容易让人产生误会。

2. 不要过分张扬。

女人在交际场合,想要引起别人注意,无可厚非,但是切忌不要弄巧成拙。比如,即使听到极为搞笑的趣事,也不要扬声大笑;虽然打扮是一种尊重,然而在社交宴会上,装束不宜太过前卫,妆容也不要太过大胆,时刻要保持得体的仪态仪容。

3. 有些问题不能随便问。

社交中,虽然以交流沟通为主,但要注意有些问题不能问。其一,不能打听商业、机关、国家秘密,而且既然是秘密了,别人肯定不会轻易告诉你,能够随便告诉你的就不是秘密;其二,不问年龄,女人的年龄绝不可问,男人的年龄也最好不要问;其三,不问收入,虽然女人对此非常感兴趣,但毕竟个人收入也是隐私,就算问了别人也不一定会告诉你,心里还会腹诽"关你嘛事";

其四,不问婚姻,或许女人觉得问这些没有问题,然而你问是一回事儿,对方愿不愿意告诉你又是一回事儿,而且问的对象是异性的话,还会有些暧昧;其五,不问对方经历,比如什么学校毕业,什么学历,家住哪里等,对方再有涵养,对查户口似的你也会很反感。当然,女人也切忌向人汇报自己的一切。

4. 不要说长道短。

在社交场合最忌讳的就是说长道短,这样必定会惹人反感,让人"敬而远之"。其一,可以聊新闻时事,但不要非议党政,前者和后者是有界限的,女人把握不要过了度;其二,不非议交往对象,或许你是出于好心,指出对方的缺点,想帮助其改进,然而,如果你们关系不是十分"铁"的话,适可而止,别人不一定买你人情,甚至恼羞成怒,和你反目成仇;其三,不能说其它同事和上司的坏话,首先背后议论是非本来就招人烦恼,若女人经常有意无意把话题引导到那上面去,后果可能会很严重哦。

5. 不要局促。

参加社交宴会,别人期望见到的是一张可爱的笑脸,即使是当时情绪低落,或者当时有自己反感的人,表面上也要笑容可掬,周旋于当时的人物环境,不能大煞风景。当然,表情要自然,即使面对初相识的陌生人,也可以交谈几句无关紧要的话,切忌坐着闭口不语,一脸肃穆表情。

6. 不要做作或者忸怩作态。社交中,没有必要为了迎合某人而扭捏作态,当别人对你表示赏识时,也不要做作,自然表露即可。如果发觉有人在注视你——特别是异性,要表现得从容镇静,和对方认识,可以自然地打个招呼,若素未谋面,不必忸怩忐忑或怒视对方,可以巧妙地离开他的视线范围。

总之,社交不仅是一种工作,还是一种日常行为,女人想要有着丰沛的人脉,有着自己的社交圈,那么就要培养独立、成熟、美丽、自信,举手投足尽显出良好的修养。这样才会在社交中充分发挥女性的魅力,让女人在社交中如鱼得水,游刃有余。

如何与同性上司相处

如今已有越来越多的女性跻身职场中,而且在一些领域,很多女性的能力超过男人,女上司、女管理者也渐渐多了起来。然而女上司毕竟与男上司有很大不同,所以身在职场的女人与其相处时也有所不同。

职场中经常有一些女人,或由于年长,或因为突出的能力,抑或由于其较高的威信和人缘,成为我们的上司。然而女上司不见得比男上司更好相处,因为女上司毕竟还是女人,自然也不会是百分之百的完人,不可避免地或多或少有一些如敏感、多疑、善妒、记仇等个性。

与女上司相处,不管是何种性格的女上司,都必须做到了下几点:

其一,不要对和女上司之间的关系寄望过高。

女人或许和女上司关系很好,而且给旁人感觉你们更像是朋友或者伙伴而不像是上下级,但千万不能试图把女上司当成自己真正的朋友,寄望过高必然失望过高。女人应该明白,在工作上你需要的是一个领导,绝不会是一个真正的知己。

冬清在人事部工作非常优秀,终于得到肯定被调往公司总部。她非常开心,因为公司总部的人事部经理是她的大学舍友,两人上学时情趣相投,关系非常好。冬清原以为和她共事一定轻松,然而情形并非如此。冬清昔日的同窗是如今的上司,对她完全没有以前那么热情,而且公事上她言简意赅,从不多说,更不用说额外指教了。当冬清有些不很熟悉的细节向她请教时,她甚至含糊地一带而过。而下班后也各走各的,从没有提出聚一聚什么的。聪明的冬清当然看得出来,同窗这样做,一是由于,职位高低不同,她想和冬清保持距离以便管理;二是担心同样出色的冬清会成为自己将来的竞争对手。冬清在人事部工作自然明白,所以不再对友情抱有太高期望。

其二,注意一些细节,尽量不要引起女上司的反感。

(1)穿着不要和你的女上司"形同姐妹",撞衫更是不应该,女人的心思都是很细腻、微妙的,下属穿衣风格和自己太像,要么觉得你别有用心,要么觉得是对自己的挑衅。

(2)尽量不在女上司面前化妆、补妆。

(3)切忌随便问候她的丈夫和孩子等,这属于隐私方面的事情,虽然你觉得这没什么,但是许多女上司的生活比我们想像中的要特别,而且除非她主动和下属说,一般不要去过问。

(4)称赞女上司,用"有气质",而不是"漂亮",这样她才不会觉得你肤浅。此外,除非自己被咨询,否则不要主动向她陈述养颜和美容的心得。

(5)不管女上司是否严肃,记住在走廊或者电梯里相遇时,要对她露出微笑。

其三,不可过分张扬。

在工作时,少说话,多做事。即使自己很优秀,也不要出尽风头,否则会"枪打出头鸟",拿枪的人往往会是女上司。

夏雪交际能力强,工作出色,常博得老总赞许,其他同事也不乏赞美之词。而且夏雪人长得漂亮,性格也活泼开朗,总爱把自己打扮得风采出众,常引得周围一片"惊艳"之声。然而夏雪的部门经理是位颇有风姿、年近四十的女性,夏雪刚进公司的时候,经理对她也很照顾,不知从什么时候开始却越来越冷淡了,夏雪一直不明就里,直到那天的酒会。

公司举行庆祝酒会,酒桌上夏雪毫不隐藏实力,出尽风头,唱歌时,也不放过一展歌喉的好机会。然而就在众人的掌声里夏雪正兴冲冲地要唱第三首歌时,无意中看到了角落里有点受冷落的女经理,她扭到一边的脸上有着极其明显的不快和厌恶。在那一刻,夏雪明白了一切。

当然,女上司中也有很多人行事公正,以身作则,堪为下属的榜样,而且仔细观察还会发现,她们在为人处世和持家等方面都有值得学习的宝贵经验,有幸遇到这样的女上司,要注意学习她们的过人之处,这样在事业上和生活中都受益匪浅。

如何与异性上司相处

一般来说,职场中的管理者大多都是男性,所以职场中的女人和男上司如何相处自然也就成为一门艺术。相处不好,可能饭碗不保,相处得好,就有进一步发展的可能。

在如今的社会里,男人当上司的机会恐怕要占绝大多数。也许你很聪慧、很敬业,甚至能力不逊于你的男上司,可这并不意味着你就可以忽视他。作为女下属,怎样与男上司相处确实是一门很微妙的艺术,这直接关系到你的晋升、收入、饭碗的稳定与否。那么究竟该如何正确地与男上司相处呢?

1. 尊重上司,不卑不亢。

尊重上司,仅仅只是把他当上司来尊重,是不够的,因为上司是男性,所以在维护其作为老板的面子之外,还要维护其男性的尊严。女人要明白,没有哪个男人愿意在女人面前没面子,特别是当女人是自己的下属时。和男上司相处最好的态度是以诚相待,不卑不亢。见面时问声好,最好保持微笑。即使有时候上司的见解确实不高明,也不要直接说出来,你应用一种委婉、迂回的方式表达自己的意思,不要把什么都写在脸上。

2. 适当 show 自己,不要让上司小看自己。

在职场上能力被认同是很重要的,然而很多女人不善于表现自己,认为下级应该学会服从上级,总是持"领导怎么说就怎么干"的原则。然而,女人要想发展,就必须适当 show 一下,要敢于并善于在老板面前说"我行"。作为下属,当上司有什么指示安排,女人若完全按照他的意图去办事没有一点自己的见解的话,极有可能会给男上司留下一个"什么事都不动脑筋,一点主见也没有"的"花瓶"印象。而且,即使女人很能胜任"花瓶"的角色,男上司也不会因为你的观赏性而高看你。那么到底该怎么办呢?女人应该是既不要太过张扬,也不能隐忍退避,而应该用适度的自主性、适当的积极性、恰到好处的自我表现,突出你的价值。当然足够的胆量是不够的,还需要足够的智慧,只有这样,才会赢得上司的尊重和信任。

3. 和上司交谈需要技巧。

和男上司交流时,要讲究一些方式方法和技巧。尤其是当女人遇上的是一个脾气大、爱发火、性格极强的男上司时。

女人应多留一个心眼,学会聚精会神地"听",让上司感觉你在认真倾听。不管问你一个什么问题,你的脑筋都应很快闪过一道灵光:他提问的真正目的何在？透过表面问题,发掘本质,然后再针对提问,理解其言外之意,思考后作出具体回答,这样才能把握上司的真实意图,也不会让自己置于不利位置。很多时候,上司不是考察你对某问题的看法,而是通过问题这一方式深入地考察你。

当上司的某项决议不是很合理的话,不要马上反驳,不要表现出自己比老板还高明的样子,这样会使自己处于不利地位,而且这样做也会使上司反感,认为你锋芒毕露,不够谦虚,没有底蕴,缺乏团结合作精神。女人可以委婉地将问题提出来,在与上司的讨论中逐渐加入自己的见解,改变上司的思路,在不知不觉中将自己的想法变为上司的想法。

女人要懂得,不管何种情况下,千万别得罪上司(除非你早已有了更高的去处),上司肯定有他的过人之处,即便你认为他在某些方面还没有你掌握的多,那么心里也得默念"人在屋檐下"……

4. 尽职尽责,做实干的下属。

职场中,做到尽职尽责这点并不很容易。可以这么说,每个人都想得到最好的发展,都想被重用,都想高职,都想优薪,然而相当一部分人外强中干,他们要么好高骛远,要么眼高手低。女人在工作中,切记,少说话,多做事,尽职尽责的下属才是上司最看重的。只要踏实、努力去做,总会收到成效的。优良的业绩能说明一切,上司会觉得你这人可以,自然在潜移默化中接受你、信任你,放手使用你。

5. 要学会和上司巧妙周旋,不要被"潜规则"。

当然这一点是针对"不良"上司来说的。不能不承认,现实中确实存在这样一些人,他们大权在握,虽然家有贤妻,但仍会利用自己的有利地位去追求异性下属,尤其是那些青春靓丽的女下属。有些女人一遇到这种情况就会立刻呈递辞职书,一走了之。其实,这样轻易放弃过于草率,一般来说,女人既然在这里工作,肯定是经过多方面考虑,千挑万选的,所以轻易辞职未免可惜。最好的办法就是:不辞职,既不要得罪上司,又不能坠入圈套。

女人和男上司相处时,要注意,随和而不随便,除了工作需要,不要私下相处,不给暧昧留机会。即便是做汇报,能做言简意赅的书面报告,就不要单独面谈。

此外女人还要灵活处理一些情况,和上司巧妙周旋,既保住饭碗,又维护人格。

如果上司借故私下约你,不要马上拒绝,你可以装傻充愣,佯装高兴问他:"您太太也一起来吧?"又或者说:"噢,好的,我不会放弃这个认识您太太的机会!"当然也可以直接拒绝,说自己和男友或丈夫有约等,大多数老板是会领悟的。

再比如说,在没有别人的情况下上司单独对你说:"你是我所有下属中最漂亮的一位。"女人千万别乐昏了头脑,这决不是赞赏之词,女人应当立即纠正:"领导过奖了,我只是在努力维护公司的形象,自我珍重而已。"不卑不亢地回应,不要让其有可乘之机。

如果上司继续心存侥幸,骚扰不断,不可担心受到贬斥而敢怒不敢言,那样就等于纵容,日后肯定会惹来更大的麻烦,这时你必须明确表示自己的态度,告诉他:"我很尊重您,请您也能尊重我!"但切记:无论再怎样恼火,都不要拍桌离去,你只要表明自己的态度就行了。多数情况下,绝大多数男上司是会知难而退的。如果没有效果,那么辞职吧,有这样的上司,估计公司也没有多大前途了。

交友要慎重

女人,选择朋友很重要,关系到自己的未来。女人如果交到"益友",那么美好的友谊会让自己如沐春风一般,终生受益;反之,"损友"则会对女人有负面影响,甚至让女人陷入不堪的境遇。

有句话说得好:"你是谁并不重要,重要的是你和谁在一起。"此外,我国自古有"孟母三迁"的典故、"近朱者赤,近墨者黑"的箴言,司马迁也曾说过"不知其人,视其友",由此可见潜移默化的力量和耳濡目染的作用。所以当我们还小的时候,我们的父母经常会干预我们和伙伴的交往,经常嘱咐我们,要向某某好好学,不要和某某一起玩等。因为父母很清楚地认识到,朋友对你的行为有很大的影响,他们希望通过与那些优秀人的密切接触,让你朝着他们满意的方向发展。

朋友的一个甜美的笑容,一句温馨的问候,就能使女人与众不同,光彩照人。怎样才算得上是朋友呢?会心甘情愿为对方挡风遮雨,会彼此包容对方的缺点,会分享快乐分担不幸,会在对方绝望的时候竭尽所能做力所能及的事,会在对方成功时由衷地替对方高兴而不是嫉妒……

女人交上好的朋友,无论在志趣上,还是品德上、事业上,总是互相影响的,既可以得到情感的慰藉,又可以与之互相砥砺,相互激发,共同进步。从这个意义上可以说,女人选择和哪些朋友在一起很重要,和不一样的人在一起,就会有不一样的人生。

女人应该懂得,友情是无价的。朋友不分贵贱,不分美丑,但分善恶、分益损。朋友不在于多,而在于精,所以不要以为交友多多益善。

女人虽然很容易排除心术不正、口蜜腹剑、见异思迁、搬弄是非、自私自利等这些容易判定的人,然而还有下面一些"朋友",也不应该去选择。

1. 虚荣心太强的。

昨天她说,老公给她买了一个手链,花了多少多少钱,今天说他儿子多么多么棒考分多么高……或许她觉得这没什么大不了的,因为女人或多或少都会有点虚荣心,然而如果你的朋友虚荣心太强的话,潜移默化中,对你的心态就会影响。要么,彼此产生隔阂,彼此心里不平衡;要么女人被同化,竞相攀比起来,从此女人陷入难以自拔的境地,而且回家对其家人也多了很多"谈资",家人不胜其烦……这都是虚荣心强烈的朋友惹的祸。

2. 嫉妒心太强的朋友。

或许此类朋友和你在很多方面情况相同,当你和他站在同一地平线上的时候,让你们彼此以为"志同道合",他可以和你亲密无间地来往。然而当你某天发达了,他的心里就会不平衡,不能正视。这时候他会无理取闹地憎恨你,甚至背后诋毁你说你坏话,在暗处不断给你制造小麻烦。这样的背叛,弄得朋友比敌人还可怕,这样的朋友给女人的伤害自然也是很大的。

3. 大嘴巴,且缺少口德。

作为朋友当然会无话不谈,尤其是女人总会在谈话中分享一些自己知道的秘密,你可能觉得只要对方说的不是自己就无所谓,偶尔还会附和几句。但你要明白,对方嚼舌根即使现在对象不是你,那么以后也有可能说你的坏话。

4. 总鼓励你"豁出去"的人。

这样的人要么大大咧咧,看起来豁达的样子,要么有冒险精神,经常孤注一掷。前者还好,后者就要当心了,因为这种人常会找人为自己壮胆。你若长期和他相处下去,会很容易受到那种冒险情绪的传染,最后甚至会成为他的一个垫背。

5. 没有见地,随波逐流的人。

生活中最不幸的一种现象是:由于你身边缺乏积极进取的人,缺少远见卓识的人,使你的人生变得平平庸庸,黯然失色。很多女人原本很优秀,然而一旦与这些没有见地、随波逐流的人长时间交往,会让周围那些消极的生活方式、思维方式影响自己,使女人缺乏积极向上的动力和支持,丧失前进的可能,从而变得俗不可耐,平庸下去。

6. 总向你伸手求助的人。

当朋友有困难,伸出手拉他一把是应该的,然而对方对你有依赖,把你当拐杖,就另当别论,尤其是理所当然向你借钱的朋友。一般情况下,不到万不得已,人们是不会向朋友借钱的,因为总觉得钱财会让彼此的情意变质。你可以帮朋友一时,却无法资助朋友一世。如果他"忘记"还,那么受挫的是你。等你需要用钱时,提吧伤和气,不提吧心里别扭。一句话:想最快失去一个朋友的方法就是借钱给你的朋友。

　　上面六种"朋友",女人如果有的话,尽量与其保持距离。

　　如果一个所谓的朋友,他不能给你带来快乐只能给你带来麻烦,而且只要想起他来,你就会厌恶地皱起眉头,那么你就该想一想自己结交这个朋友是否正确,而且重新审视自己的交友圈子。

善于营造自己身边的和谐

每个女人都期待自己在工作中,"人气高",和同事打得火热,在家庭中,"人缘好",和亲朋好友有说有笑。女人与周围的人和谐相处的氛围,是需要女人努力来营造的。

在我们这个社会,似乎人们只有在为共同的目标或利益奋斗时,他们之间的关系才能和谐、亲密。家庭矛盾、邻里纠纷、同事利益之争,虽然这些都不是人们乐见的,然而却是存在的。在大多数的情况下,人们彼此之间总是处于戒备状态。

这种彼此戒备、冷漠的关系令人窒息,而在这样的环境中,女人想要保持良好的和谐人际关系和健康的情绪状态,无疑对其能力和情商提出了很高的要求。事实上,只有获得和谐的人际关系的女人在现实生活中才会如鱼得水。

在现实生活中,每个人就像置身于一张无形的网中,每个人都与周围的人结成各种各样的关系。女人在家庭有夫妻关系,父母子女关系,及其他亲属关系;在单位有同事关系、上下级关系;在住地有邻里关系;在社会上有朋友关系等等。每个女人都希望自己是个受欢迎的人,都希望自己处在氛围良好的环境中。

女人难免要置身其中,和这些人打交道。然而在与他人接触与交往过程中,最容易引起人的情绪变化。人际关系处理好,就会产生愉快的情绪反应,有安全感、舒适感、满意感,心情恬静舒畅;人际关系处理不好,则会引起不良的情绪反应,让人感觉不适、不满,心情抑郁烦燥,甚至情绪对立、关系紧张,以致产生不良后果。所以,女人要注意营造自己身边的和谐氛围。

女人怎样才能营造身边的和谐氛围呢?

最重要的一点就是,要学会宽容,严以待己,宽以待人。为某些事争得头破血流,不如退一步海阔天空。大家应该都听过六尺巷的故事。

清朝康熙年间,桐城人张英官至文华殿大学士兼礼部尚书,其邻居是桐城另一大户叶府,主人是张英同朝供职的叶侍郎。张英的家人在老家修建府宅时,因院墙与叶家发生纠纷,两家互不相让。张老夫人修书送张英,谁知张英接到家信后,立即写下一首诗寄回家去,回复老夫人:"千里家书只为墙,让人三尺又何妨?万里长城今犹在,不见当年秦始皇。"于是,张老夫人令家丁后退三尺筑墙。叶府也很惭愧,命家人也把院墙后移三尺。从此,张、叶两家消除隔阂,成通家之谊,两府之间形成了一条六尺宽的胡同,人称六尺巷。

上面的故事,是"化干戈为玉帛"的很好例子。宽容之心,对于女人来说既容易,又不容易。此外,女人与他人相处时,要注意以下几个细节。

(1)谈论彼此感兴趣的话题,这样容易拉近彼此之间的距离。没有话题聊,就不要敷衍,多微笑,听对方说。

(2)不要吝啬对别人的赞美,当然要实事求是,正视别人的成就和进步,这样的称赞也不会有谄媚之嫌。

(3)迫不得已要批评某人,最好也让对方明白,你是对事不对人,而且尽可能给他保留脸面,不要让其感到难堪,不要贬低别人,不要夸大别人的错误。

(4)在别人背后只说他的好话,决不能说坏话,如果找不到什么好话说,那你就保持沉默。

(5)你要允许别人偶尔自我感觉良好。你不要吹嘘,而要承认自己也有缺点。你要谦虚谨慎,戒骄戒躁。如果你想树敌,你就处处打击别人;如果你想得到朋友,你要得饶人处且饶人。

(6)无论何时,都不要"以小人之心度君子之腹",你要经常认为对方持的是高尚的思想和动机。这样不容易造成误会,而且即便对方没有自己所想的那样,他也会尽一切可能不让人失望。

(7)你尽可能不要批评别人,不得不批评的时候也最好采取间接方式。你要始终对事而不对人。你要向对方表明,你真心喜欢他也愿意帮助他。

(8)要推己及人,己所不欲勿施于人,同时也要试着从别人的立场、角度分析事情。

(9)互赠小礼品,不是为了"礼尚往来",可以没有任何理由,只是为了分享,让他明白,你在关注他,他在你心中有一定地位。

(10)当自己犯了错误的时候,你要及时道歉,敢担当,不要推卸责任;若是别人做错了事,要尽快宽恕别人,不要记仇。

女人只有敞开自己的心扉,积极地与人交流沟通,才能真诚地接纳他人,才可以彼此分享快乐和不幸,才能营造自己身边的和谐。

有几个蓝颜知己也是一种幸福

男人有自己的"红颜知己",女人也可以有自己的"蓝颜知己"。这种知己之情,又称为第三类情感,它是游离于亲情、友情和爱情之间的,比亲情更朦胧、比友情更亲密、比爱情更纯洁。女人拥有几个蓝颜知己,毋庸置疑,是一种无形的财富。

在当今竞争激烈的社会里,无论是女人还是男人都需要全方位的感情关怀。

女人所承受的来自婚姻家庭和工作事业上的压力并不比男人少,而且在多维的社会生活中还要扮演多种角色,此时的内心是非常脆弱的,所以在精神上是非常需要一些强有力的支持的。有人曾这样说过:把快乐讲出来,你的快乐就会多出一倍;把忧愁讲出来,你的忧愁就会少掉一半。有的时候最了解你的人不是你的爱人,甚至有时候有些话你不会跟你的另一半说,也无法和其他人说,但是你会去跟你的蓝颜知己分享。这时候的蓝颜知己就是你的心理医生、你的一本心灵日记、你的最忠实的听众,你糟糕情绪的"垃圾箱"。

蓝颜知己无法像女人的爱人那样朝夕共处,也不像一般朋友那样君子之交淡如水,却能在你最快乐愉悦和最忧伤难过的时候被你想起,想起时会感到深深的温暖和慰藉。蓝颜知己可以站在男人的角度,帮女人设想和分析,要知道男人了解的男人与女人了解的男人总有很大的不同。对于女人的偏激与固执,会毫不留情地提醒;对于女人孩子般的不通世故,他会静静地包容你;对于女人没完没了地倾诉忧愁和烦恼,无论何时他总是默默地倾听,而且适时为你指点迷津,然后陪着你一起走出阴晦的天空。他会在你快乐愉悦的时候快乐着你的快乐,他是你最真实的朋友,也是你生命中真正意义上的可以信赖终生的朋友。

女人不必担心和蓝颜知己之间是不是过于"暧昧",因为女人与这种蓝颜知己之间没有爱情,却又比一般朋友间多一份肝胆相照,和他在一起不会感到很累。因为对方明白,是否为知己,不在于性别,也不在于言语的多少,而在于理解的多少。你和蓝颜知己终其一生也不会有经典的执子之手、与子偕老的爱情故事。然而你会觉得拥有这样的一个朋友而珍惜热爱现有的生活,也因为有了他的存在,你会感到人生过程会更加精彩,生活有了满目的苍翠。这份信赖与默契、相知与相惜,凌驾于爱情和友情之上的超然的情感,将伴随你坚强地面对生活,微笑着走过那平淡的人生。

女人也大可放心,蓝颜知己不会向外透漏你的隐私。蓝颜知己,即使从男人自私的角度想——怕别人怀疑关系暧昧,也不会向外透露女人的隐私。你对他的珍惜程度,也会相应得到他对你的珍惜,他会希望你获得幸福,自然不会做出有损你幸福的事情。

其实,蓝颜知己除了慎重选择,也需要长久培养。信任是磨出来的,一个人想乘凉先要栽树。培养如此特别"高质"的一个朋友,女人要经得住男女之情的诱惑,别为了一时的好感丢了一辈子的朋友。要知道,这个世界找个爱你一时的男人容易,找个关心你一生的蓝颜知己却很难。

如果一个女人的生命中曾有过或现在有着这样的一个蓝颜知己,拥有这样的一份感情,纯净、真挚而绵长,那么女人一定会视他为生命中的奇迹,会永远珍藏在心中,犹如盛开在心灵之园的鲜花一样永不凋零。

第二章

女人处世课
心智成熟，才能少走弯路

我们常常听到这样一句话："舍得，舍得，有舍才有得。"简单的一句俗语，却包含了人生中的处世智慧与道理。只有聪明智慧的女人才懂得如何面对人生中的得与失。正确认识得与失，女人就会在得到的时候，懂得会有必然的失去；也会在失去的时候，懂得如何从失落中找回自我，才能从容地以一颗平常心笑看人生。

学会适时变通,不要墨守成规

萧伯纳说:"明智的人使自己适应世界,而不明智的人只会坚持让世界适应自己。"很多人执着地追求着自己心中的目标,任何困难都无法阻止他们前进的步伐。但是否注意到自己的执着已经变成了一种固执?固执可以把人推向深渊。人们不切实际地一意孤行,跟躺在坑里等死没什么两样。所以女人应该放弃墨守成规、顽固不化,选择适时地变通,只有这样才能够适应今天这个多变的世界。

虽然执着和坚持是获得成功的重要因素,但执着并不意味着固执。在生活中,不听他人的忠告而固执己见、不切实际地一意孤行,而不懂得适时变通,实际上是无知的表现,即使上帝也救不了你。

英国乡村的一个教堂里住着一位非常虔诚的神父。有一次,天降大雨,洪水泛滥,神父所在的教堂已经不安全了。周围的人都劝他赶快离开,可他还是固执地在教堂里祈祷。他相信上帝一定会救他。

过了不久,洪水冲进教堂,淹没了神父的膝盖。

这时,一个救生员驾着小船来到教堂门口,大声地对神父说:"赶快上船吧!不然洪水会把你吞没的!"

然而神父却固执地说:"不!我相信上帝会来救我的!"

又过了一会儿,洪水已经淹到神父的胸口了,神父只好勉强扶着教堂的柱子站立在水中。

这时,一名警察开着快艇来到教堂前面,着急地对神父喊道:"快上来吧!不然你会被淹死的!"

但神父仍旧固执地说:"不!我相信上帝会来救我的!"

又过了几分钟,洪水几乎将整个教堂都淹没了,神父只好爬上教堂的屋顶向上帝祈祷。

这时,一架直升飞机出现在教堂上空,飞行员丢下绳索之后,冲着神父大叫:"快上来吧!这是你最后的机会了,不然你马上就会被洪水淹死!"

但神父仍旧意志坚定地说:"不!我相信上帝会来救我的!"他的话音刚落,便被洪水吞没了。

神父死后见到了上帝,他满怀委屈地对上帝说:"我那么信任你,你为什么不来救我呢?"

没想到上帝却说:"我一共派了3个人去救你:救生员、警察和飞行员,但都被你固执地拒绝了。"

在生活中,有很多信仰和原则是要用来坚守和解决问题的,但是需要灵活地运用,不能像神父那样"较劲",不知变通。女人在考虑事情时要全面,不要抓住一点不放,那样的行为只是和自己"较劲"。过分的执着就是顽固不化,往往会使问题陷入僵持对立的局面,从而为问题的解决带来更大的麻烦,也会让自己成为墨守成规的人。

懂得适时变通,放弃毫无意义的坚持,是实现目标所必需的,也是一种人生的大智慧。只有学会了适时变通,才会出现柳暗花明又一村的局面。许多成功女士的秘诀就在于灵活变通,下面故事中的主人公就是其中之一。

几年前,张晴是一个生产保洁用品的公司的业务员,公司产品不错,销路也挺好,就是无法及时收到回款。所以当时公司最大的问题就是讨账。

有一位客户,买了公司10万元的产品,但总是以各种理由不肯回款,公司派了多批人去讨账,但是都无功而返。当时张晴刚上班不久,就被派去讨账。她软磨硬泡,想尽了办法,最后客户终于同意给钱,叫她两天后来拿。

两天后,客户给了她一张10万元的现金支票。

而当她高高兴兴拿着支票去银行时却被告知,账上只有99000元。很明显,对方耍了花招,对方给的是一张无法兑现的支票。第二天就要放假了,如果还不兑现,不知还要拖延多久。

遇到这样的情况,一般人可能不知道该怎么办了。张晴想了想,从自己钱包里拿出了1000元,存到了客户公司的账户里,这样一来,账户里就有了10万元,她立即兑现了支票。

张晴带着10万元回到公司后,公司领导对她大加赞赏。以后她在公司中不断取得成绩,受到重用,几年后当上了总经理。

巴尔扎克说过,"一个能思考的人,才真正是力量无比的人"。就像上面故事中的张晴一样,作为女人,不能只做直线思考,更不能一条道走到黑。放弃固执,适时变通,是一种人生智慧。试想一下要走的路确实走不通的时候,怎么努力也是白费工夫,这时你仍坚持下去,显然是徒劳无功;另外要走的路可以走通,只是所付出的代价太高昂,与所得完全不能成正比,这时你得不偿失地坚持下去,岂不更是自找苦吃。

成功有赖于意志,但还要有一种素质,就是适时变通的灵活性,在该变通时选择及时变通,并不意味着草率放弃,可理解为另一种意义上的坚持,可称之为行之有效的坚持。

其实在日常生活中,女性朋友以灵活变通的思维处理事情的例子处处可见。

一位妇人走到卖西红柿的摊前问:"多少钱一斤?"摊主回答:"两块五。"那位妇人挑了三个西红柿放到秤盘里。摊主说:"一斤半,三块七。"妇人说:"我就做个汤,不用那么多。"说着就去掉了个儿最大的那个西红柿。摊主迅速地又瞧一眼说:"一斤二两,三块钱。"

旁边有路人看着,心想,怎么这西红柿越大越不压秤,难道那个大西红柿是空心的?实在看不过去了,就提醒妇人说:"他称的不对。"没想到那位妇人对旁人摆了摆手,毫不在意,伸手就往外掏钱。

摊主见妇人如此爽快,索性拿眼睛瞥着路人,一副得意洋洋的样子。不料那位妇人并没有拿摊主已经装在塑料袋里的两个西红柿,而是拿起刚才去掉的那个大的,放下七毛钱,扭头就走……

女人要树立"变"的思维,每一次"变",都是为了更好更快地实现自己的目标。作为女人,只有不断地转换观念、改变思路,选择适时变通,才能让自己永远立于不败之地。

不要让琐事成为你的绊脚石

歌德说:"人身上原有许多愿望和向往,高贵的冲动和善良的激情,可是这一切都被日常生活中的琐屑事情破坏,被淹没在日常争吵的泥潭里了。"人生是短暂的,所以女人不要因生活中一些鸡毛蒜皮、微不足道的小事而耿耿于怀,为这些小事而浪费你的时间、耗费你的精力、伤害你的家人和朋友更是不值得的。所以放弃这些琐屑的事,不要让它们成为你的绊脚石。

生活中有太多不值得我们去计较的事情。让自己放轻松,去面对生活中的一些琐事,心平气和地工作、学习、生活。只有在平和的气氛中,才能够享受生活的乐趣,太过计较,反而会让这些琐事扰乱我们的生活。

一个老头留了很长的胡须。可是有一天,一个人对他说:"老人家,你留这么长的胡须,晚上睡觉把它放在哪儿啊?是搁在被子外面还是被子里面?"老人家还真被这一问问倒了,活了一辈子,他还真没注意过。晚上,他翻来覆去睡不着,因为他觉得把胡子放哪都不舒服。一会儿放外面,一会儿放里面,折腾了一晚上。第二天那个人再遇到老头,一看就说:"老人家,您昨晚一定没睡好。"老人家答道:"是啊。我以前到底是把胡须放哪儿睡觉的呢?"

还有一个人夜里做了个梦。在梦中,他看到一位头戴白帽,脚穿白鞋,腰佩黑剑的壮士,向他大声叱责,并向他的脸上吐口水,吓得他立即从梦中惊醒过来。次日,他闷闷不乐地对朋友说:"我自小到大从未受过别人的侮辱,但昨晚梦里却被人辱骂并吐了口水,我心有不甘,一定要找出这个人来,否则我将一死了之。"于是,他每天一早起来,便站在人潮往来熙攘的十字路口,寻找梦中的敌人。几星期过去了,他仍然找不到这个人。结果,他竟自刎而死。

看了这两个故事你也许会笑话他们真是庸人自扰。但在生活中有很多人被这样类似的小事搞得灰头土脸,垂头丧气。想想你是不是经常为一点小事儿和周围的人弄得不愉快,你有没有埋怨孩子玩耍时把鞋子弄脏了,你有没有气愤丈夫把烟灰弹到了桌子上,你有没有因上班时公交车上有人不小心撞到自己却没有道歉而感觉不平……

事实上你不必投入精力去关注和改变这些,只要顺其自然,放松心情,这样生活就会随之轻松。

下面一小则故事给人以启迪:

有一位楚楚动人的淑女正准备享用一杯香浓的咖啡,餐桌上放满了咖啡壶、咖啡杯和糖罐,忽然一只苍蝇飞进了房间,嗡嗡作响直撞糖罐。顿时,这位淑女悠闲的心情全无,烦躁无比,起身就用各种工具追打苍蝇,于是碎瓦片、咖啡汁遍地皆是,但最后苍蝇还是悠哉游哉地从窗口飞走了。

我们也许能处理好意料之中的大挫折、大变故,因为我们已经有了足够的心理准备。但是,如果对突如其来的"小苍蝇"没有心理准备而导致情绪恶化,那么最终只能影响自己的工作和生活。

在生活中,有许多女人在为小事抓狂,和别人闹翻脸,甚至是大动干戈,这样的事情每天都能在公共场合看到。一个常常小题大做的女人,非常容易被情绪牵着鼻子走,整天纠缠于那些无谓的鸡虫之争,非但有失儒雅,而且会终日郁郁寡欢,神魂不定。试想让这些琐事吞噬了自己的心灵,人生还有什么愉悦呢? 当"苍蝇"影响你的情绪时,你该如何对待? 惟有对世事时时心平气和、宽容大度,才能处处和谐圆满。

英国著名作家迪斯雷利曾经说过:"为小事生气的人,生命是短暂的。"既然生命是如此短暂而宝贵的,所以作为一个女人,别为了生活琐事过多地纠缠自己,浪费自己的精力。尤其是现在,日趋激烈和白日化的竞争已经渗透到社会生活的各个领域,生活压力已经很大,节奏如此紧张,何必再为处理琐事分出部分精力来呢? 人生一世,我们应该在有限的时间内尽力去做更有意义的事情,这样的人生才是丰实的,才不会被虚度,个人的价值才能体现出来。

因此,做智慧的女人要调整好自己的心态,学会排解生活中烦心的事情,不为小事所羁绊,产生不良的情绪,避免这种情绪影响和伤害到身边的人。女人要想排除琐事困扰,首先要学会宽容和忍让,要去除嫉恨之心,要学会宽宏地对待别人。同时要学会理解人、体贴人,能够以诚待人,以情感人,不要为一些小事而耿耿于怀。

所以不要选择计较琐事,试着忽视,只有这样才会避免它们成为我们成功路上的绊脚石。

得失之间,柳暗花明

上帝给你关起一扇门的时候,一定会为你打开一扇窗。人生亦然,得失之间,总是有着影响命运的事情发生。在现实生活中,每个人在有所失去的情况下肯定也会有所得。因此,在有小失的情况下不要过于在意,相信这次的失去将会换来大得。

人活一辈子得失兼备,有得必有失,失后又有得。得失犹如一对孪生兄弟存在于世上,形影不离。很多时候,我们很难确定眼前得到的一定会带来幸福的生活,而失去了就意味着一生不幸。俄国著名作家托尔斯泰在他的书里面曾经写过这样一个短篇故事:

有一位早出晚归、日夜操劳的农夫,尽管他一直努力,但却仍然不够温饱,收获甚微。一位天使出于对农夫的同情,便告诉他,只要他能不停地跑一圈,他跑过的地方就全部归其所有。于是,农夫高兴地没日没夜地跑。每当累了准备休息的时候,他总是想到自己的妻子儿女。为了他们,农夫便又继续拼命地跑。有人曾经告诉他,他得到的已经足够他这辈子用了,还是赶紧往回跑吧。但是农夫根本听不进去别人的良言相劝,仍然往前跑。最后农夫得到了大片的土地,但因为过度劳累心力衰竭,倒地而亡。贪婪的农夫光想一味得到,却丢失了性命,实在得不偿失。

得与失总能让生活充满变数。尽管失去可能会有些苦痛和不快,但是风雨之后就会见到彩虹。那些一味在意得到的女人,是目光短浅的,更是不快乐、不幸福的。得失之间有好有坏,得也不一定值得欢喜,失也不一定值得伤悲。得失之间难思量,却富含人生哲理。

聪明的女人学会了选择,懂得了放弃。她们知道要在需要坚持的时候锲而不舍地坚持,而在需要放弃时就此适当放弃,之后才会有别样的得到。

女人学会选择,审时度势地把握时机,才能赢得成功的机会;而适当放弃,不计较眼前的得失,顾全大局地果断舍去,才会得到更美好的结局。

人生如梦,很多人因为失去而痛苦,因为得到而快乐,其实得失之间是柳暗花明的风景。我们失去了春天的葱绿,却得到了丰硕的金秋;失去了青春岁月,却走进成熟的人生……每当站在人生的十字路口别无选择时,放弃或许是最好的选择。与其百般努力让成功遥遥无期,不如换个方向或许惬意无比。失去看似一种痛苦,但也可以是一种幸福,因为失去的同时也在获得。

海伦·凯勒是19世纪美国盲聋女作家、教育家、慈善家、社会活动家。她用自己的生命去思考人生,用自己残缺的身体向世人表达健全的思想。她自己所经历的是常人难以想像的苦难与挫折,但是她字里行间所流露出的是让人感动的幸福与快乐。她的代表作《假如给我三天光明》脍炙人口,感动了无数的读者。她还以一个身残志坚的柔弱女子的视角,告诫身体健全的人们应珍惜生命,珍惜造物主赐予的一切。很多读者被海伦·凯勒面对生活不屈不挠的顽强精神所折服,被她那颗深邃而又坚强的灵魂所震撼。

海伦·凯勒失去的是常人的健康,但她收获的却是催人奋进的人生感悟。她自强不息的精神早已成为了一种无形的力量,激励着一代又一代的后辈向厄运挑战。她不需要健全人给予同情的目光,反而赢得了世人的掌声。

上帝给你关起一扇门的时候,一定会为你打开一扇窗。人生亦然,在现实生活中,每个人都会有所失才能有所得。我们常说有小失才能有大得;有局部之失,才能有整体之得。我们要相信上帝是公平的!如果他为你关上了一扇门,那肯定是因为这扇门不适合你,更不属于你。不过,在被拒之门外之后人们有着不同的表现,有的人会一蹶不振,每天沉浸在失落与悲痛之中不能自拔,有的人却很开心,他甚至感谢上帝有如此的安排。中国有句古话:"山重水复疑无路,柳暗花明又一村"。所以,当你在看到门关上时,心里仍然要坚信:在这个世界上一定有一扇门是为自己敞开的。

现实中那些一脸愁容、满腹牢骚的女人对生活是没有希望和憧憬的,她们常抱怨自己付出的太多,得到的太少。这样的女人是失败的,因为她们容易被生活中乱七八糟的事情干扰,从而阻碍了自己前进的道路。而有的女人总是快乐得让人羡慕,不只是因为她一生都是幸运的,而是她快乐的心态使她总能看到生活中美好的一面,在清理那些无所谓的事情后,转机就会降临到她的身边。

失去并不一定就是坏事。有些东西暂时来看对你很重要,但是放到整个人生来讲可能会变得毫无意义。所以,聪明的女人要学会面对失去,放弃心中的不快。在碰壁的时候,你应该转换视角去感谢上帝,因为你该感谢他让你可以去寻找真正属于自己的宝贝,而不是在错误的事情上浪费时间。因此,在"此路不通"的时候,聪明的女人会去其他的地方发现转机。

总之,得失之间的辩证关系,大到自然界里的万物,小到人们生活中的点滴琐事及个人的内心情感世界。而得与失,无不都是在不停地相互转换着。在人生的道路上,每个女人都不会一帆风顺,因为这条路荆棘丛生、坎坷不断。当面临人生的苦难时,不要抱怨命运的不公,也没必要羡慕别人所拥有的,只要你有一颗乐观的心,经受磨练,不断成熟,就一定会抵达幸福的终点。

该出手就出手,当放弃则放弃

我们每一个人,大多都知道在该执着的时候不懈执着,然而却不是都明白在该放弃的时候果断放弃。放弃不是一种无能,一种无奈,在特定情况下,放弃是一种更加明智的选择。

当我们面对众多机会或者多个选择时,并不是一味地去争取所有的机会才能得到最好的结果,要有所节制,有所选择,要懂得适时地放弃一些机会。只有懂得放弃一些机会,才可能做出更好的选择,得到更好的结果。

有一个电视台曾推出一档娱乐节目,内容是数钞票的比赛。规则相当简单——每次从现场选拔4名观众,只要他们有人能在规定的3分钟时间里,点出尽可能多的钞票并且数目正确,那他就能拿走这笔钱。条件真的很简单,回报也真的很优厚,难怪现场的观众全都按捺不住兴奋的心情,跃跃欲试。

比赛开始,4个人立刻埋头"沙沙沙"点起了钞票。然而,由于这一大叠钞票是按不同顺序杂乱叠着的,甚至还有大小不一的各类币种,点起来确实很不方便。更要命的是主持人在比赛过程中还要轮流给参赛者出脑筋急转弯的题,答不对题目是不允许继续数的。这样一番折腾后,3分钟很快就过去了。4位选手手中也各自捏着厚薄不一的钞票。接着,主持人让他们各自在题板上写下刚才所数的钱数。

第一位,5836元;第二位,4889元;第三位,3472元。轮到第四位了,这是个腼腆的女生,她在题板上写出了自己的数目——500元。观众席上立刻爆发出一阵哄堂大笑。"500元?她还能再慢一些吗?"大家无法理解女孩为何数得那么少。

接着,主持人开始当场清点各叠钞票。结果很快出来了——第一位,5831元;第二位,4879元;第三位,3372元。又到了第四位,观众们惊奇地瞪大了眼睛——500元,分毫不差!按游戏规则,她是唯一获得奖金的人。在激动之余,主持人表情严肃地向大家宣布:这位女孩是节目开播以来唯一拿走奖金的观众。

其实,另外3位观众只不过是多记了100元,或是少计了5元、10元。但正是这一"票"之差让他们紧张了3分钟,却徒劳无功!

明白了其中的道理,观众席上又一次骚动起来,不过这次爆发的是热烈的掌声!

虽然参加比赛的另外三位选手数的钱数都很多,似乎也拥有更多钞票,但最终的结果是前功尽弃。努力为自己赚取更多,原本无可厚非,因为人们的天赋、能力需要开发、运用,并淋漓尽致地发挥。然而做事也像做题一样,不求快,只求对;不求冒进,但求稳妥。只有这样,稳中求胜,才会使付出的努力得到回报,而不是急急前行,到最后一看:我是瞎忙一场!

放弃和选择,并不是绝对的得失。有时候,放弃了,其实是得到了;有时候,选择了,其实却失去了。作为女人,必须学会时时审视自己,要时刻保持清醒的头脑,约束自己的行为,为了抓住更好的,实现更好的目标,放弃一些不适合自己的机会。握在手里的不一定就是我们真正拥有的,即便是现在所拥有的也不一定就是自己真正铭刻在心的。很多的时候,该放弃就要放弃,以便让自己及时脱身。

在印度的热带森林中,人们用一种奇特的狩猎方式捕捉猴子:在一个固定的小盒子里装上猴子爱吃的坚果,盒子上开一个小口,刚好容纳猴子的前爪伸进去。猴子一旦抓住盒子里的果子,爪子就再也抽不出来了。因为这种猴子有一个习性——不肯放弃已经到手的东西。猴子不肯放弃抓到的果子,于是被人捉住,失去了自由。

生命之舟载不动许多欲望,要想抵达理想的彼岸,只有卸载,果断地放弃那些可以放下的东西。印度猴子的下场,告诉我们一个真理:该放弃时就放弃。

人生很多时候需要一种宁静的关照、自觉和放弃。很多事情就像手中的细沙,你越是想抓紧他,它从指缝间流走的就越快。

聪明的女人应该用理智控制自己的行为,不要贪多,该放弃时就放弃。从容放弃,固守一份超脱。

所以,该执着的时候执着,该放弃的时候也要放弃。

鱼和熊掌不可兼得,有所为有所不为

人生有时就像一个十字路口,是一个不断选择和放弃的过程,人生要背负的东西很多,如果不懂得适当放弃,久而久之就会成为负担。所以,只有懂得适时选择和放弃的女人才有资格赢得幸福的青睐。

自古以来,很多智者贤士就告诫我们要懂得适时选择和放弃。

《孟子》中有这样一段话:"鱼,我所欲也。熊掌,亦我所欲也。二者不可得兼,舍鱼而取熊掌者也。生,我所欲也,义,亦我所欲也。二者不可得兼,舍生而取义者也。"意思是:鱼和熊掌都是美味,这两者我都想要,但是二者不可能都得到,那我就取熊掌吧。生命和大义都是我想要的,但如果我不能二者兼得的话,我宁愿失去生命,以全大义。

而在现实生活中,也时常有"鱼"和"熊掌"之争摆在我们面前。你有选择快乐的权利,也有选择痛苦的权利;你有权选择幸福,也有权选择不幸;你有权选择希望,也有权选择失望;你有权选择成功,也有权选择失败……女人只有学会了选择,才能拥有美满的人生,获得成功的事业!没有选择,你的人生就是没有航标的小船,毫无目的地随波逐流。然而生活中仅仅学会了选择还是远远不够的,女人还要懂得放弃。懂得放弃,你才能领会选择的重要性;懂得放弃,你才能坦然面对生活;懂得放弃,你才能以微笑面对得失;懂得放弃,你才能得到更多……放弃是另一种美。

成功女士在面临"鱼"和"熊掌"之争此类问题时,又会怎么做呢?下面给大家讲一个关于雅芳公司百年历史上第一位华裔女性CEO——钟彬娴的故事。

钟彬娴是家中的长女,她的父母都是极有抱负的人,对钟彬娴的期望自然相当的高。为了让女儿也有远大的抱负,父母从小就培养钟彬娴具有勤奋的品质。钟彬娴5岁起就开始学琴,每天下午都要练琴,每个周末的晚上都去听钢琴演奏会。

钟彬娴记得她读四年级时的一件事,当时她非常渴望拥有一盒120色的画笔。她的父母与她达成了协议:如果她的考试全部得A,父母就买一套给她。为了得到那套画笔,钟彬娴把自己关在房间里温习功课,在这段期间她错过了不少生日派对和网球比赛。在那年年底,她向父母交上了一份全部得A的成绩单——她终于得到了梦寐以求的120色画笔。

后来美国《财富》杂志的记者评述说:一个在孩童时代就会为了一盒画笔而放弃一年玩乐时间的人,为了公司的成功她还有什么不可以付出的呢?

一个四年级的女生,在面对自己梦寐以求的120色彩笔和一年玩乐时,选择了前者,放弃了后者,如果是你,你会做出怎样的决定?选择什么?放弃什么?

钟彬娴做出的是明智的决定,她知道如何正确地取舍。也因此,她才会有以后骄人的未来:被《广告时代》杂志授予"全国杰出母亲奖";2001年9月当选为雅芳全球董事会主席;成为通用电器公司董事会成员;2003年6月当选纽约股票交易所董事会成员;入选2002年《时代》杂志和CNN最有影响力的二十五位全球行政人员;以年度最佳经理人的身份成为2003年《商业周刊》封面人物;连续六年被《财富》杂志推选为"全美50位最有影响力的商界女性"……

总之,选择与放弃对于人生,就如同水对于鱼,月亮对于黑夜一样重要。若鱼离开水的滋润,生命将很快黯然,而黑夜若失去星光的点缀,将缺乏迷人的光辉!选择是人生成功路上的指南针,女人只有学会如何运用它,才不会失去方向。放弃也是智者对生活正确的选择,女人懂得怎样运用它,才能更快地到达目的地。

生活中有所得必有所失,有所失必有所得,该选择时就做出明确的选择,该放弃时就放弃。如果不懂得正确选择和适时放弃,往往会得不偿失。

记得有这么一个故事：

聪明的农夫知道老鼠会来偷吃仓库里的粮食，所以事先设了一个可以刚好让老鼠空腹进去的小洞，只要老鼠吃一点粮食就钻不出来，到时就可以"瓮中捉鳖"。老鼠不知道农夫的计谋，看到有这种便宜可占，就又跑到仓库偷吃粮食，结果吃得肚子鼓鼓的，而当它美餐一顿后却怎么也爬不出来，最后被农夫捉住了。

从这则故事中我们深受启发：人不能太贪婪，必须要学会选择，懂得放弃，才能事事如鱼得水。

人生就像一场戏，每个人都是自己的导演。女人知道主动争取是无可非议的，当然有时候也要学会放弃，放弃那些过分浪费自己时间、精力的东西，女人只有学会选择和懂得放弃才能拥有海阔天空的人生境界。

冷静不冲动，情绪不失控

生活在纷纭繁杂的现实社会中，谁也难免发生人际纠纷，难免引发各种情绪。当人们带着情绪做事情的时候，会不可避免地掺入不理智的个人因素，处理的结果也就不会理想了。所以，女人控制好自己的情绪，才可能有一个好的心态，才可能把事情处理得比较满意，生活才会变得轻松，才接近事业的成功。

俗话说"一碗饭填不饱肚子，一口气能把人撑死"。所有负面情绪中，愤怒是最难控制的。很多女人不擅长控制自己的情绪，而当女人带有情绪，就会使你忽略了对方的想法，主观地看问题，导致沟通的失败。

不能很好控制自己情绪的女人，肯定是个非常不成功的女人，尽管她拥有很高的智商，尽管她以较高的效率做着自己的工作，但是她不参照自己的情绪反应，不了解他人会有何种感觉，也只能是个情商低能儿。

从前有一个脾气很坏的男孩子。他的爸爸给他一袋钉子，告诉他，每次想发脾气或者想跟人吵架的时候，就在墙上钉一根。第一天，男孩钉了37根钉子。后来的几天里他学会了控制自己的脾气，每天钉的钉子也逐渐减少了。同时他发现，控制自己的脾气，实际上比钉钉子要容易的多。终于有一天，他一根钉子都没有钉，他高兴地把这件事告诉了爸爸。男孩的爸爸说："从今以后，如果你一天都没有发脾气，就可以在这天拔掉一根钉子。"日子一天一天过去，最后，钉子全被拔光了。爸爸带他来到墙边，对他说："儿子，你做得很好，可是看看墙的钉子洞，这些洞永远也不可能恢复了。就像你和一个人吵架，说了些难听的话，你就在他心里留下了一个伤口，像这个钉子洞一样。"插一把刀子在一个人的身体里，再拔出来，伤口即便愈合了也会留有疤痕。无论你再怎么道歉，伤口总是在那儿。要知道，身体上的伤口和心灵上的伤口一样都难以恢复。

看完这个故事回头想想,是不是自己跟这个男孩子一样特别容易发脾气,有时候在气头上言行不计后果,虽然当时不是出于本意,但还是伤害了别人。

控制自己的情绪,并不是说让自己"喜怒不形于色",但至少不要给别人带来伤害。其实,对别人不友善、脾气暴躁的女人,不但自己过得不愉快,而且也得不到他人的好感。尤其是那些骄傲任性的女人。当她们遇到不如意的事情,很容易爆发无名怒火,爱发泄满腔怒气,制造人际间不愉快的气氛。

人生不可能有那么多让自己高兴的事。遇到不愉快的事情,每个人都会多少有些情绪。但理智的女人,懂得控制自己的坏情绪,"制怒于将起,忘怒于瞬间",而不是去放纵自己。一旦成功地控制住坏情绪,那就等于成功地控制了自己。所以,人们常说,人最大的敌人不是别人,而是自己。女人很多的鲁莽行为,都是源于不理智和情绪失控造成的,所以必须努力学会控制自己的情绪。

那么,生活中如何才能控制情绪呢?

1. 充分认识发怒带来的不良后果。

发怒有损身体健康,可造成心血管机能的紊乱,出现心律不齐,高血压和冠心病等症状;发怒有损于自己的尊严,一般说来,女人脾气暴躁,沾火就着,是缺乏理智、缺乏涵养、缺乏自尊的表现;发怒影响正常的人际关系,它使你自己失去理智,从而引起别人对你的反感与敌视,易导致人与人之间的感情隔阂、情绪对方和关系紧张。

2. 有意躲开"触媒",有意识地"撤火"。

当人处于愤怒时,大脑皮层中往往出现强烈的兴奋点,并且它还会向四周蔓延。为此,善于运用理智有意识地去转移兴奋的中心,眼不见心不烦。比如,有意逃避、躲开可以引起争吵的对象、发怒的现场,到其他的地方干点别的事情。

3. 自我暗示、激励。

给自己提出任务,自己做自己的司令官,坚信自己有能力控制个人的感情。爱发怒的人可以向武林外传中郭芙蓉学习,每当要发脾气,就闭上眼睛,说道:"世界如此美好,我却如此暴躁,这样不好,不好。"也不妨搞个座右铭,比如:"脾气暴躁是人类较为卑劣的天性"、"仁爱产生仁爱、野蛮产生野蛮"、"发怒是没教养的表现"、"发怒是无能的软弱的表现"等,通过类似积极的自我暗示,便可以组织自身的心理活动,获得战胜怒气的精神力量。

4. 发泄法。

通过摔打一些无关紧要的物品能够有效地宣泄或是对空气大喊缓解一下自己的冲动。还可以跑到楼下,再爬上楼,每步登两个台阶,跑步上楼更好,遇到人还可以与他们聊聊。

5. 自我按摩。

怒气会使颈部和肩部内的肌肉紧张从而引起头痛,这个时候如果自我按摩头部或太阳穴10秒钟左右,就会有助于减少怒气,缓解肌肉紧张。

6. 用冷水洗脸。

冷水会降低皮肤的温度,消除怒气。

7. 闭目深呼吸。

把眼睛闭上几秒钟,同时用力伸展身体,使心神慢慢安定下来,反复几次,效果更好。

8. 大声呼喊。

必须是从腹部深处发出声音或高声唱歌,或大声朗诵。

9. 喝一杯热茶或热咖啡,或看一些杂志报刊,分散注意力。

控制情绪的方法虽然很多,但环境不同,每个女人自身情况不同,所以上面几点不一定全都适用。但是认识发怒的危害,避开"触媒"和自我暗示激励是最重要的。

总之,人们学着了解和控制自己的情绪,即使对方有些蛮不讲理,也不可大动干戈,气恼不止,而应冷静应付,必要时以不变应万变。

所以,女人在经营自己容貌的同时还要成为一个卓越的情绪管理专家。

试想,如果能够让心情变好,何乐而不为?一个开朗的女人,总是会给周围的人带来快乐的心情,那是因为她有一种感召力,一种带动力,一种带给身边人开心快乐的神奇魔力。这样的女人会受到大家的欢迎,赢得别人的关心,有着很好的人际关系,这样自制的女人才别具魅力。

接受不可避免的现实，才会变得更强

世上有许多残酷的事实，我们是无法逃避和无从选择的，抗拒不但可能毁了自己的生活，而且也许会使自己精神崩溃。因此，女人无法改变不公和不幸的厄运时，要学会接受它、适应它。

李开复说，人要"有勇气来改变可以改变的事情，有胸怀来接受不可以改变的事情，有智慧来分辨两者的不同。"

在漫长的岁月中，人们一定会碰到一些令人不快的人和事，既然注定这样，就不可能是别的样子。女人面对不可改变的事实，只能选择一种，要么生活在那些不可避免的暴风雨之下弯下身子，要么自不量力地去抵抗而被摧折。接受事实是克服任何不幸的第一步，即使我们不接受命运的安排，也不能改变事实分毫，我们唯一能改变的，只有自己，并且让自己对必然之事，轻快地加以承受。

曾经获得过普利策奖的美国小说家、剧作家布斯·塔金顿总是说："人生的任何事情，我都能忍受，只除了一样，就是瞎眼。那是我永远也无法忍受的。"然而，在他60多岁的时候，他的视力减退，一只眼几乎全瞎，另一只眼也快瞎了，他最害怕的事终于发生了。

塔金顿对此有什么反应呢？他自己也没想到他还能觉得非常开心，甚至还能像往常一样运用他的幽默感。塔金顿完全失明后，他说："我发现我能承受我视力的丧失，就像一个人能承受别的事情一样。若是我五个感官全丧失了，我也知道我还能继续生活在我的思想里。"

为了恢复视力，塔金顿在一年之内做了12次手术。他知道自己无法逃避，所以他唯一能做的，就是爽爽快快地去接受它。塔金顿拒绝住在单人病房，而是选择住进大病房，和其他病人在一起，他努力让大家开心。即便是在动手术时他还尽力让自己去想:现代科技的发展已经能够为像人眼这么纤细的东西做手术了,多好啊,自己真的很幸运。

为了重获光明,塔金顿要忍受多次手术,这是多么可怕的经历!然而,塔金顿明白,这是不可避免的,而且如果不这样的话,也不可能再有任何转机,既然如此,还不如轻松愉快地接受。

诗人惠特曼这样说:"让我们学着像树木一样顺其自然,面对黑夜、风暴、饥饿、意外等挫折。"其实,这并不是说要逆来顺受,也不是不思进取,而是要有一种积极的人生态度。当情势已不能挽回时,我们最好就不要再拒绝面对,要接受不可避免的事实,只有如此才能在人生的道路上掌握好平衡。当然,接受现实,并不等于束手接受所有的不幸。只要有任何可以挽救的机会,我们就应该奋斗。

一般来说,面对不可避免的事实,女人的耐受性比男人要强,这样的例子不胜枚举。

莎拉·伯恩哈特是法国最著名的女演员之一,也是最早的世界级明星之一,在她那个年代,每个到巴黎的人有两样东西是必看的:一个是埃菲尔铁塔,另一个就是她——莎拉·伯恩哈特。她深受世界观众喜爱,然而在她71岁那年,医生告诉她必须把腿锯断。医生原本以为这个可怕的消息一定会使莎拉暴跳如雷。可是,莎拉看了他一眼,平静地说:"如果非这样不可的话,那只好这样了。"

她被推进手术室时,她的儿子站在一边哭。她却挥挥手,高高兴兴地说:"不要走开,我马上就会回来。"

在去手术室的路上,她还背她演过的台词给医生、护生听,使他们高兴。

手术完成,健康恢复后,莎拉·伯恩哈特还继续周游世界,使她的观众又为她疯迷了七年。

人身在世,不会总是一帆风顺、海阔天空的,生活、事业、感情不如意,都是正常的。当环境和遭遇不尽如人意的时候,关键是你怎么去面对。女人,或许可以向莎拉·伯恩哈特学习,当陷入不可避免的困境时,不妨平静下来,展开胸怀来接受它。

过自己想过的生活,做自己想做的事情

> 相信太多的女人都会感觉生活忙碌,然而即使忙碌一天也常常没有充实感,因为她们没有找到生活的真正目的。如果希望重新理顺自己的生活,那么选择做你自己!

女人为什么总觉得自己忙忙碌碌却没有成就感,没有满足感呢?很大一个原因是因为物质世界有太多的诱惑,让人急切地想要得到,所以我们一会儿做这,一会儿做那;一会儿扮演这个角色,一会儿扮演那个角色,直到有一天发现自己像上了发条的表针在不停地转圈,想停却根本停不下来。所以,我们总会逐渐明白:过分追求"拥有一切","做完所有的事"使我们的现实生活像在执行一个永远不会停止的程序。然而生活是用来享受和热爱的,我们一直在背道而行,所以,现在请你卸下发条,看看你的周围,只要你细心,就会发现你拥有的其实比自己想像的要多得多。而且,你也会认识到:你可以做自己喜欢的事情,可以成为你想要成为的人,并且过轻松的生活,你可以是成功的、快乐的,你不必挣扎,不需要过度疲劳和担着沉重的压力。

当然,"做你自己"不是一件简单的事情。在你所扮演的众多角色以及感受到的众多情感背后,谁是真正的自己?还需要你仔细考虑一番。

那么,如何考虑呢?古希腊哲学家亚里士多德说过一句话:认识你自己!由此,我们可以看出一个人贵在有思想,而其核心就是尽最大的努力认识你自己。所以,你要试着回答下面的问题:你认为你是谁?为什么你会活得如此累,像是在周而复始地在圆中奔跑?你认为生命的意义究竟是什么?你是一个乐天派吗?你与他人的关系如何?你是一个积极进取的人,还是经常感到自己是一个倒霉的受害者?你总能做出正确的决定并且执行到底

吗？当你回答完这些问题时，你会发现一些新鲜的积极生活的方法，它能让你彻底地改变自己。

当你做了真正的自己，你就会醒悟：天堂不是一个具体的地方，而是在你生活的每一天里都有可能创造出的一种精神状态。所以，作为一个人，尤其是一个女人，要试着感应更高的自我存在，体会这份快乐，这是生来就有的权利。这正如海伦·凯勒说过的一句话：永远不要忘记在这个世界上有一片净土只属于你。发现真正的自我，你会找到最好的生活，真正地"做你自己"！

相信大家都知道名震天下的金融巨鳄索罗斯，当年的香港经济危机就是他引起的。但是，他却是一名极度成功的人。下面，我们就来看看他写给自己女儿的信，相信会对大家有用的。

亲爱的女儿：

你的父亲是位投资家，他是个勤奋的人，尽其所能地学习新的知识来赚钱，所以才能在37岁时退休。我想告诉你们我从这些经验中所学到的东西——善用自己的智慧，做你自己！

在生命中总会有某个时刻需要你做非常重要的决定——关于你的工作、家庭、生活，关于住在哪里，关于怎么投资你的金钱。这时会有很多人愿意向你提供忠告，但是记住这句话：你的生活是你自己的，不是别人的。

别人的忠告当然有对的时候，但事后证明这些忠告无用的次数更多。你必须靠自己研究——尽可能学习面对挑战的本事，自行判断信息的真伪并为自己作决定。你天生就有能力为自己的最大利益作最好的决策，在大多数情况下，经过自己的思索比违背自己的意愿而听从他人的决定，更能作出正确的决策并采取正确的行动。

我记得小时候读过一篇关于游泳健将唐娜·迪薇罗娜的报道。报道指出，早期她是个不错但并非顶尖的游泳选手，但是她后来却在奥运会中拿到两块金牌。究竟发生了什么事？！她回答记者说："以前我老是在注意别的游泳选手，但是之后我就学会无视他们，游我自己的泳。"

假如周遭的人都劝你不要做某件事，甚至嘲笑你根本不该想着去做这件事，就可以把这件事当作可能成功的目标。这个道理非常重要，你一定要了解：与众人反向而行是很需要勇气的。事实是，这个世界上从不曾有哪个人是只靠"从众"而成功的。

我用中国给你举个例子。过去人家都说那不是一个值得投资的国家，而事实上，直到20世纪90年代末之前，几乎没有西方人真的试着在中国投资过。但是假如当时有人把钱投资在中国的话，他现在已经发大财了。

仔细观察每个领域的成功者，不论是音乐家、艺术家或是什么专家，他们之所以成功都不是因为模仿别人。

我要你以这种勇气追求自己的理想与抱负。父亲是个成功的投资家，并不意味着你也必须成为投资家。我希望你做到的就是做你自己，一个忠于自我、独一无二的自己。

但是你一定、一定要记得，在做你认为是对的事情之前，要尽自己所能先做好功课。找出任何可以到手的资料，仔细研究，彻底分析，直到完全确定你的想法是正确的。绝对不要在还没这么做之前采取任何行动。你会发现，那些不成功的人通常是没有花时间研究就贸然涉入一个他们不了解的领域，更糟糕的是，他们拒绝学习，结果赔上了宝贵的时间与金钱。

那么，该怎么做才会成功呢？答案非常简单：做你热爱的事。我在投资方面会成功，因为那是我最喜欢做的事。但你不必非得成为一位投资家。假如你喜欢烧菜，就开一间自己的餐馆；假如你擅长跳舞，就去学跳舞；假如你喜欢做园丁，说不定你以后会拥有一家全球园艺连锁店。想成功最快的方法是做你喜欢做的事，然后全力以赴。

看完这封信，大家有何感想？索罗斯让女儿学着做自己，而不是别人，也就是说，让她用自己的脑袋思考，即珍惜自己的智慧。所以，在这里要告诉每一个朋友，尤其是女性朋友，如果你不知道该怎么做回自己，那就从现在开始，独立思考，每时每刻都用自己的智慧活着，而不是别人的指令与建议，更不是让别人替你规划与安排的一切。你最想做什么，最想要什么，只有你自己知道，只有你思考后方能明白。所以，从今天开始，不要再习惯于从别人的目光中寻找自己，从别人的赞扬中放大自己，从别人的议论中扭曲自己。

最后，我们还要说，做你自己，就要做力所能及的事，不盲目崇拜他人。因为心高志远固然可贵，但要切合实际，量力而行，切莫志大才疏，眼高手低。埋头做好自己比仰视他人的伟大更有意义。

大度女人"春"常在

也许,在一般人的印象中,大度是说给男人听的,但是,只要是受过伤、受过挫折的女人都知道,大度更是说给自己听的。的确,大度对一个女人来说,实在太重要了,因为这个世上的一切东西都在变化着,没有什么是永恒的,我们所谓的幸福在这样的自然法则面前是那么的脆弱,所以,能够拯救幸福的只有大度。

在当今这个物欲横流、变化莫测的社会里,女人要学会大度。在这个压力重重的社会中,大度的女人更坚强、更易融入社会。工作、生活、感情常常会把人压得喘不过气来。男人或许天性较不拘小节,压力总会很快放下,因此大多数男人在这个社会能更快找到成功和幸福。事实上,女人也是一样,只要把心放宽、放大,笑看人生,很多痛苦和不顺都会迎刃而解!

大度的女人,在生活与工作中都更有魅力。工作中,不论是谁都可能与同事和上司发生磨擦,在这一点上,男人们往往会不了了之,而女人们大多较为感性,常常会因一次争吵、一个矛盾而耿耿于怀,以至于会感觉到压抑或不快乐。而且,自己不开心,影响同事们、上司也都不开心,自然工作中会困难重重,在职场也不会受欢迎。相反的,如果我们放开心胸,就会容易与他人相处一点,工作中大家就会相互帮助,在进取的同时又能其乐融融。

还有就是在生活中,特别是感情上,大度让我们别有韵味!女人要大度,并不是说在感情上不计较,而是不要过分计较,更不要计较在嘴上,即在行动上容忍。也许忍辱负重会很委屈,但是如果对方是个有良心的人,就总有一天会看到你的好。曾经有这样一个节目:两位老人都已年过花甲,女人讲到男人因为种种原因不能照顾家,自己如何照顾家。然而,她是微笑着当玩笑去讲的,却让一旁的男人热泪盈眶,那泪眼中是无数的的爱与感激。所以,永远不要觉得自己的付出不值得,对你爱的人好,他一定会知道的。即便他从不为之感动,你也没有什么好悲哀的,因为你只不过是用自己的善良和爱看清楚了一个人,从而擦亮了自己的双眼,你是值得的。所以,不要再去计较得与失,即使计较也别挂在嘴边,永远记住:当你用大度拥抱你的爱人时,会让他真正的长大成熟。

不过话说回来,如果你实在做不到大度,那至少要学会巧妙的吃醋,因为这也是一种大度的表现。曾经流行过这样一副漫画,一个丈夫和妻子在逛街,突然有一位妙龄女子从他们身边走过,丈夫的眼神不自觉地跟了过去,妻子见状,拉着丈夫快走几步,以迅雷不及掩耳之势上去摸了摸女子的屁股。女子扭头大怒,妻子趁机骂起丈夫来:"你个没良心的,我站在边上,你还敢轻薄其他女人!"妙龄女子走上前去,对着那个看似无辜的丈夫就是一巴掌,妻子暗暗得意:"看你还敢看美女!"从此,丈夫再也不敢和妻子一起逛街。大家看到这里,可能会发笑,但是,当你再细细品味,你是同情无辜的丈夫呢,还是佩服"聪明"的妻子呢?

通常,女人的醋劲一旦上来,那可谓是山崩地裂、惊天动地的。据了解,几乎有百分之九十以上的女人都打翻过醋坛子,然而,怎么打就有技巧了。

接下来,我们就再讲一个故事。

一位年轻的女作家陪丈夫逛街时,发现丈夫的目光总是跟随着街头的那些漂亮女生。她自然有些不快,可又一想爱美之心人皆有之,那些面容姣好、气质不凡的女性的确像优美的风景一样让人赏心悦目。于是,他们逛街的时候又增加了一个新的项目,那就是欣赏和评价那些漂亮的女性:"这位小姐的衣着得体,那位小姐的妆容得体……"这样一来,丈夫感到妻子理解、信任自己,便对妻子更加体贴关心,时间一天天过去,两个人的生活更加和谐、幸福了。

大家看了这个故事是不是有点敬佩其中的女作家?其实,这才是真正聪明的女人。因为她在打翻醋坛子的时候,趁机也添加了一些调味品,比如理解,比如信任。她让"醋坛子"倒地时散发出的酸味不再刺鼻,所以容易让丈夫接受,而且,使得丈夫对她有一种歉疚感,以后对妻子更加关爱。

所以说,聪明的女人会利用醋坛子给生活添油加醋,让平淡的日子更加丰富多彩,让夫妻之间变得越发融洽,让感情桥梁更加牢靠。

综上所述,女人要学会大度,要试着用大度来换取幸福。俗话说得好:道高一尺,魔高一丈。当你推别人一下的时候,不仅要遭到对方的反感,还会让自己站不稳,所以,聪明的女人是不会选择"推"的,相反,她会选择"拉",因为"拉"就意味着接纳与爱。希望你能通过自己的不解努力,做一个这样的女人。

明智地放弃，结局会有所不同

女人要学会选择，更要懂得放弃。如果你在错误的道路上大声疾呼永不言弃，那么你只能是重蹈南辕北辙的下场。所以，聪明女人要辩证地看待"永不言弃"，要明于选择，智于放弃。

在人的一生中，可能会遇到许许多多的挫折困难，生活也难以一帆风顺，这期间总有一些意外降临，有阳光也有风雨。一些人在挫折中勇敢地挺起胸膛，跟困难不懈抗争，他们终于成了生活中的英雄，人们眼中的强者。而那些不敢面对的人，成了牺牲品。

"有志者事竟成"、"世上无难事，只怕有心人"这是很多人的座右铭。他们坚信只要对生活永不言弃，顽强地与命运做抗争，就能够谱写出属于自己的精彩人生。尽管永不言弃的精神十分可贵，但是那些超出自己实际能力的宏图大志、冲天抱负，不但会给人带来力不从心的重负和壮志未酬的遗憾，更重要的是耗费了成就力所能及的事情的精力。所以，聪明的女人应该懂得量力而行，学会明智地放弃。

一只从小生活在笼中的百灵鸟，每天看到头顶上自由飞翔的小鸟，它都会黯然神伤，它想："如果我也能像它们一样自由自在，该多好啊！"时间一天天过去，它挣脱牢笼的愿望就愈加强烈。终于有一天风和日丽，因为主人的疏忽，它抓住机会逃跑了。它逃脱的当时为了自己获得了自由还欢快地歌唱，但是很快它就发现自由的生活并不是它想像的那样。它被温饱的问题折磨着，因为笼中的生活使它失去自己觅食和生存的本领。于是，它开始怀念曾经的生活，终于明白了自己对主人从心理上、生理上的依赖性。所以说，一心只做着空洞梦的百灵鸟虽然获得自由翱翔的权力，却忘记考虑自己独立生存的能力。

社会上有很多百灵鸟一样的人类,他们为了自己心中的目标锲而不舍地奋斗着。只是在行动的过程中,他们相信只要自己永不言弃,总有一天会获得成功。但是百灵鸟的故事告诉我们,凡事应该明白自己的原则和底线,要根据自己能力的大小,量力而行。如果盲目地给自己设定一个不适合、不现实的目标,只会是给自己增加负担。所以,要舍弃那些不理智、不现实的梦想。

大学毕业后,白洁被分配进了一家国企。这是一家规模很大、历史悠久且在全球也很有名的单位,福利、待遇、薪水都不错,缺点是分工太细,流动性差,纪律太多。

当时白洁的工作十分清闲,一天的工作她只需要三个时辰就能完成。但不幸的是,即使条件优越可它无法满足白洁由来已久的"白领"梦。白洁还在读书的时候,就十分向往成为那种有优越感、工作独立、忙碌又充实的职业女性。而白洁上班时却规定要穿制服,工作内容也十分简单,显然离梦想太远,所以白洁一直在为"跳槽"努力。后来,她终于如愿以偿,放弃了那份别人羡慕都来不及的工作,找到了梦想中的工作。但这也意味着她要离开工作了五年的国企和热情的同事,要和班车、免费午餐、悠闲从容的工作说再见了。

可现实总是事与愿违。从踏进外企的第一天起,上司的刁难,同事的冷漠,工作的压力就让白洁心灰意冷,有几次她甚至委屈得落泪。加上工作路途远,无法正常下班,她总也不能适应环境……总之所有的一切都让白洁心情极度郁闷,一下子觉得自己老了很多。每次想到原来的单位和同事,白洁的眼圈就禁不住发红。外企的上班生活成了白洁彻彻底底的煎熬,她最终决定离开外企。

经过这次的波折和动荡,白洁看清了自己,调整了自己的心态,重新摆正了自己的位置。她发现自己当初太过鲁莽,也太冲动,甚至太高估自己,有点自不量力,明明自己的性格和能力不适合在外企里拼拼闯闯,却硬要放弃舒舒服服的国企生活挤进外企。当初如果一味坚持下去,那只会让自己碰得更加头破血流。其实,在这个社会上,薪水的多少,工作环境的好坏,专业的对口与否,对女人来讲都不重要,最重要的是工作、生活的心情,以及是否知足常乐。人,是不可能什么都得到的,关键看你需要的是什么。

那些坚信"永不言弃"的人们,应该学会认清自己,很多时候明智的放弃是为了更美好的结局。聪明的女人应该懂得凡事要尽力而为,也要量力而行。如果你所确立的人生目标是你永远都无法实现的,比如你所选择的事业需要某种特殊的能力,而这些能力正好是你所不具备的,明智的做法是放弃自己不能办到的事情。

站在人生的十字路口,我们时常面临着选择,我们必须放弃一些,选择那些适合自己的。有时,虽然不舍也很无奈,但"鱼和熊掌不可兼得"。无论是在生活还是工作、学习中,人们都常常会碰到一些靠个人的力量无法改变的结局。这时,女人就应该学会放弃,换一个角度去选择,也许最后自己会发现,那个结局的意义已经截然不同。

聪明女人最懂得正确地选择是人生成功路上的航标,只有量力而行地睿智选择才会拥有更辉煌的成功。其实,我们强调的"永不言弃"存在很多的误区,因为盲目的坚持是愚蠢的。适当的放弃是聪明女人面对生活的明智选择,只有懂得何时放弃的女人才会事事如鱼得水。但是放弃不等于是失败,也不等于是逃避,它只是一种处理问题的方式而已。因为今天的放弃,是为了明天更好地得到,不计较得失,才有更大的空间去取舍。女人应该学会选择,懂得放弃,为了美好的明天能够拥有更广阔的天空!

人生中会遇到无数的大小选择,是选择放弃还是选择坚守就在一念之间。但是,当你在做抉择的时候,最好先问问自己的心:我这样选择,是最适合自己吗?在这个世界上,很多理想真的很难实现,如果明显不是自己能力所及的,不如趁早调整前进的方向。在该放弃的时候,勇敢、果断地放弃,不要因为一时的感情用事而让自己失去判断的理智。

现实生活注定要扼杀一些梦想。就像不是所有生长在野草丛中的花都能孤芳自赏,不是所有电视剧都能拥有完美的结局一样,在我们生命中,有太多的缺憾随风逝去。女人要学会告诉自己:明智地放弃一些东西,或许你可以拥有更美好的结局。

欲速则不达,不为"捷径"付代价

在处理事情的时候,有的女人选择"走捷径",好高骛远。但是如果急于求成,往往事倍功半,甚至事与愿违,所以人们常说"欲速则不达"。大多数女人都知道这个道理,但是却总是与之相悖,很多女人都是在为走"捷径"付出代价之后才真正懂得这五个字的真谛。

"欲速则不达"作为谚语流传至今很久了,它是出自《论语·子路》的"无欲速,无见小利。欲速则不达,见小利则大事不成。"子夏一度在莒父做地方首长,他来向孔子问政,孔子告诉他为政的原则就是要有远大的眼光,百年大计,不要急功好利,不要想很快就能拿成果来表现,也不要为一些小利益花费太多心力,要顾全到整体大局。

孔子的这些话对我们来说是很有意义的,如果一个人一味主观地求急图快,就违背了客观规律,后果只能是欲速则不达。一个女人只有摆脱了速成心理,一步步地积极努力,步步为营,才能达成自己的目的。

曾经有一个小孩,很喜欢研究生物,很想知道蛹是如何破茧成蝶的。有一次,他在草丛中看见一只蛹,便取了回家,日日观察。几天以后,蛹出现了一条裂痕,里面的蝴蝶开始挣扎,想挣破蛹壳飞出,艰辛的过程达数小时之久。小孩看着有些不忍,想要帮帮它,便拿起剪刀将蛹剪开,蝴蝶破蛹而出。但他没想到,蝴蝶挣脱蛹以后,因为翅膀不够有力,根本飞不起来,不久,痛苦地死去了。破茧成蝶这个过程原本就非常痛苦、艰辛,但是只有通过这一经历才能换来日后的翩翩起舞。外力的帮助反而让爱变成了害,急于求成,违背了自然的过程,最终让蝴蝶悲惨地死去。若将自然界中这一微小的现象放大至人生,意义深远。

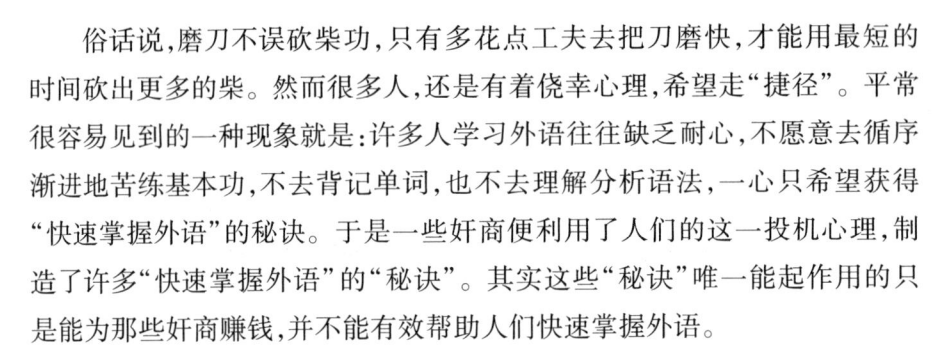

俗话说,磨刀不误砍柴功,只有多花点工夫去把刀磨快,才能用最短的时间砍出更多的柴。然而很多人,还是有着侥幸心理,希望走"捷径"。平常很容易见到的一种现象就是:许多人学习外语往往缺乏耐心,不愿意去循序渐进地苦练基本功,不去背记单词,也不去理解分析语法,一心只希望获得"快速掌握外语"的秘诀。于是一些奸商便利用了人们的这一投机心理,制造了许多"快速掌握外语"的"秘诀"。其实这些"秘诀"唯一能起作用的只是能为那些奸商赚钱,并不能有效帮助人们快速掌握外语。

拔苗助长的故事可谓是诠释这一道理的经典事例。宋国有一个人,见别人家的庄稼长得很好,总觉得自己家的庄稼长得太慢,很是着急。有一天他忽然想出了一个好办法,于是便将自己地里的禾苗一棵一棵全部拔高了一些。看着自己家的庄稼一下子比别人家的庄稼长高了,他感到非常高兴。回到家里他得意地对家人说:"今天可把我累坏了,我一个人让地里所有的庄稼都长高了一大截!"他的儿子听完他的详细介绍,立刻跑到地里去看,结果发现他们家的禾苗全都枯死了。

欲速则不达,急于求成会导致最终的失败。历史上的很多名人是在犯过此类错误之后才懂得成功的真谛。宋朝的朱熹曾经以十六字真言对"欲速则不达"作了一番精彩的诠释:"宁详毋略,宁近毋远,宁下毋高,宁拙毋巧。"

作为女人,做事也应放远眼光,注重知识的积累,厚积薄发,自然会水到渠成,达成自己的目标。许多事业都必须有一个痛苦挣扎、奋斗的过程,而这也正是将你锻炼得坚强、使你成长、使你有力的过程。其他方面也是一样,一分耕耘一分收获,操之过急往往会欲速不达。

第四章

女人情商课
知足常乐，时刻拥有好心情

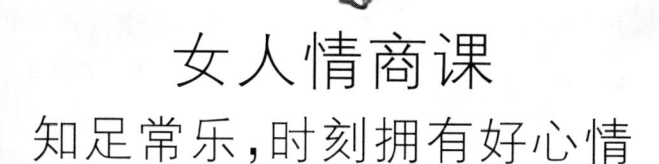

有句俗话："成人不自在，自在不成人。"很多女人觉得自己不够快乐，为什么呢？琐事牵绊太多，女人一生一直在奔波劳累。

生命之舟如此负重，如何才能快行？女人要明白，心灵的自由是以放弃某些东西为前提的。所以，想要做个快乐无忧的女人，就要经营好自己心灵的绿洲，不追求完美，远离攀比，知足常乐，保持微笑，时刻拥有好心情。

追求完美不幸福，苛求完美不快乐

完美可以当成是一种做事的态度，但不能成为我们选择一切的标准。事事苛求完美的女人，从某种意义上来说是一个可怜的人，她体会不到生活里有所追求的、有所希望的感觉。正因为追求完美，她也无法体会到当自己得到了一直追求的东西时那种极其喜悦的感觉。女人的心要放宽一些，对自己不苛求，对别人也不去苛求，生活就会少去许多的烦恼。

事事追求完美，从表面上看，这是一种积极向上、努力拼搏的表现。然而，这种完美主义的心态，会妨碍你体会生活的快乐。其实人生本来就是不完美的，何必非要强求完美，给自己制造负担和痛苦呢？

王女士就是这样一个人，她眼里容不下沙子，整天什么都看不惯，什么都容不下，无论是对别人还是对自己。

上世纪80年代，王女士毕业于某大学，准备考硕士研究生。那年，竞争对手特别多，"我必须是一个事业成功的人"，她抱着这种极端完美的思想，而遗憾的是她并没考上，从此她心里一直觉得"我没脸见人"，她最终患了忧郁症。使用药物后使她暂时恢复了正常的情绪，但没有从根本上解决她极端的思维方式。

毕业后，她成了某公司的一名普通职员。对于这种状况她仍然不满意，但内心深知这确实是现实，于是她又开始追求。她买了一本《人生格言集》，书中谈到女人形象、成就、追求、不应自卑、交际能力等人生心理问题。对照书中的标准，她产生了一种怀疑自己性格极不完美的感觉，终日考虑："我怎么不像一个女人呢？"结果自己将自己带入了恶性循环当中，这次又是药物帮助了她。

她到外单位办事，正处盛夏，大街上英俊的小伙子特别多，这些年轻人的打扮看上去富有男性的魅力,吸引她多看了几眼,她第一次对异性有了一种特别的心理上的兴奋。对于正处于性成熟的她,这些本属正常的心理现象。她却认为"我的品德有问题","只有不正经的女人才有这些坏思想"。于是她下决心消除大脑中的"坏思想",以后见男同志前总先预防"坏思想"闪现,可偏偏又闪现一些不该闪现的念头。她出现了强迫思维症状,只好请又药物帮忙。

在这以后的几年中,相继发生了这些事情:

恋爱方面,尽管许多年轻小伙的确喜欢过她,但最终因为她容不得对方的弱点,因此32岁仍孤独一人。

她相信"人与人是平等的","既然工作就应该上好班","朋友应该支持理解自己"……而实际生活中总遇不到这种理想的人。在她眼里,社会中的人似乎都是"混蛋"、"伪君子"、"太俗"、"太酸"、"太缺乏知识"。她看不上他们,最终结局就是她孤独了。她结婚后由于自己极端的性格,与丈夫不得不分手,被丈夫抛弃了。

王女士眼里容不了自己,更容不了他人,当然也就容不了社会。过于追求完美是造成她生活痛苦的根源,不仅伤害了自己而且也伤害了他人。在这个世界上,过分追求完美的人往往一开始就在做一些不切实际的美梦,当美梦无法实现时,巨大的痛苦、烦恼、悲观等不良情绪便会接踵而至,压得他们喘不过来气。

完美只会随着追求者的希冀而永远无法企及。向往事事完美的女人在精神上被套上了枷锁,心里压上了包袱,因而忽视了享受生活的快乐。

女人不必事事苛求完美。生活中根本不存在完美,因为完美也是相对的,所以人们不用去追求事事完美。完美可以被当作一个方向和一个憧憬,却不应该成为一个人生的唯一追求。生命不是上帝用来捕捉你错误的陷阱,你不会因为一个错误而成为不合格的人。

生命就像是一场球赛,最好的球队也有丢分的记录,最差的球队也有辉煌的一天,我们的目标是尽可能让自己得到的多于失去的。简单的美也可以营造快乐的生活,而刻意雕琢出来的美是不真实的、做作的。简单的美让人感到愉快、宁静、轻松;刻意雕琢的美让人感到疲惫和空虚。所以在生活中,女人对待自己和他人,不一定要事事苛求完美,只要能够感受到生活的快乐,就会变得幸福。

放弃是一种超然而不失水准的选择

诗人泰戈尔说过:"当鸟翼系上了黄金时,就飞不远了。"智者曰:"两弊相衡取其轻,两利相权取其重。"懂得适时放弃的女人是智慧的,是清醒的,比别人多了一份成熟,活得更加充实、坦然和轻松。

"梦想成真"是人们最美好的愿望,但又有多少梦想可以变为现实。人生之路,不需要准备太多的行囊,女人要学会有所取舍,自古以来"鱼和熊掌"就是不可以兼得的。

在你爱得心力交瘁的时候,你就应该选择放手,以免卷入更加无休止的纠缠之中;在你被名誉、金钱折磨得筋疲力尽,对人与人之间尔虞我诈开始产生无比厌恶的时候,就应该选择在适当的时机全然身退。其实,放弃是一种超然而不失水准的智慧。

当然,放弃并不意味着失去。如果你放弃了那些应该放弃的,这比拥有更可贵。人生的旅程,并非一帆风顺,失败和挫折在所难免。如果你在面对失败与挫折的时候选择消沉,你就会觉得无路可行,看不到希望;但如果你选择放弃懦弱,勇敢地面对挫折,你就可以重整旗鼓,从头再来,获得东山再起的希望。

但是,生活中一些女人总是自视过高,比如她们在面对择业的时候,就常常出现高不成低不就的问题,阻碍了自己今后事业的发展。在今天女人们开始重视自己事业的年代,一份称心的工作,被很多女人认为会给自己增添自信。但是现实并非会按人们的意愿发展,所以失落常常会令人们心存烦恼,因为付出未必会得到回报。于是,一些女人常常抱怨生不逢时,雄才大略无法施展,甚至指责老板有眼无珠,觉得自己这匹千里马没有遇到伯乐。

面对这样的处境,女人们是应该放弃消极、抱怨,不再得过且过地浪费宝贵的青春、美好的时光呢?还是继续沉浸在负面的情绪里?正确的答案:负面的情绪永远是女人首先要放弃的东西。而选择积极的态度,乐观向上的精神却可以让女人快乐开心地工作、生活。

另外,女人还要有自知之明。无论是在生活还是事业上,都需要摆正自己的心态,给自己正确的评价,在看到自己优点的同时看到自己的不足,脚踏实地地做人。

比如,在工作中,向来强调人们需要选择自己最擅长的事情,而不是自己喜欢做的事情。因为一些工作尽管你很喜欢,但是不擅长这个遗憾的存在只会增加你获得成功的代价,甚至是阻碍成功的到来。所以,你不如调整自己,这不是逃避,而是一种睿智的选择和放弃。

博尔赫斯在《沙之书》中写道:"人必须随时准备好放下些什么,比如爱情,比如成功,这样,生活才会更主动些。"不要对那些敢于放弃的人嗤之以鼻,因为放弃的真谛远比坚守更需要勇气,更具光辉。

一个人失业很久,到微软应聘清洁工一职。面试官嘲笑他既不懂电脑,又不会上网,并把他轰了出去。后来这个人转去搞推销。许多年后,他竟然成了销售业的大鳄、知名企业家,当记者采访时问他:"如果那时你没有放弃微软的工作而去学电脑,你今天会怎样?"他报以一笑说:"那我只会是一名清洁工。"

永不言弃成就了很多人的一生,而放弃也可以获得美好的结局。在该放弃的时候选择放弃,恐怕只有睿智的人才能把握。当你放弃一条路时,另一条更宽广、更光明的路也会出现在眼前。比如亚里士多德放弃了老师柏拉图的精神学说,才开创出了属于自己的辉煌;苏轼放弃了同僚的无病呻吟、风花雪月式的婉约文体,才成就出了豪迈阔达、流传千古的佳篇。懂得放弃是为自己定下一个新的目标,带来新的成功喜悦,懂得放弃也才会让人在逆境中闯出一条通往成功的路。

有一位聪明的年轻人,他很想成为一名大学问家。很多年过去了,虽然他也博览群书,学业却没有长进,他甚至没有专长,只是平平庸庸、碌碌无为。为此,他去请教一位大师,大师说:"我们去登山吧,到山顶你就知道该如何做了。"在登山途中，年轻人见到了许多他喜欢的石头。大师让他将那些喜欢的石头放进袋里背着，很快他就背不动了。"大师，不能背了，别说到山顶，恐怕再也走不动了。""是呀，那该怎么办呢？该放下，背着沉重的石头咋能登山。"年轻人听罢心中豁然开朗，最后他学有所专，进步飞快。

这个故事告诉我们，人生有得必有失，只有学会放弃那些没有必要的东西才有可能达到人生的理想境界。那些不能够审时度势，明智放弃的女人总是显得太过固执，从而也总是被生活所累，背着沉重的包袱，徘徊不前。她们往往会在抱怨、指责、自暴自弃中一事无成，青春年华与美丽的容颜与悠悠岁月擦肩而过，犹如风过无痕，终将碌碌一生。

人都是有贪念的，很多女人更是有着攀比之心，她们总希望自己是优越的公主，想着自己无论什么都决不能比别人差。其实，女人尽自己最大的努力做好自己力所能及的事情，不去做好高骛远、死要面子活受罪的事情，就会活得很快乐。

放弃是一种明智的选择，是另一种方式的获得。放弃是一种美丽的开始，是新的旅程的继续。放弃是一种爱的升华，是灵魂深处的超然。女人的一生时常会遇到很多选择，而选择又经常需要面对放弃。选择放弃，看似意味失去，可能付出没有回报。但是，许多放弃虽很无奈，却很明智，虽很难舍，却会另有所得。

拥抱好心情,和烦恼说"ByeBye"

女人想拥有好心情,就必须从原有的坏心情中解脱,从烦恼的死胡同中走出来,清除心中的垃圾,保持头脑的清醒和心情的愉悦。保持乐观的心情去看待身边发生的事情,才会看到人生的希望。

生活的轨迹之所以美丽,是因为成功中蕴含着挫折,失败孕育着胜利,这种跌宕有致的花纹,组成了生活的姿彩。生活的快乐与否,完全决定于个人对人、事、物的看法如何。因为,生活的悲喜感受,有时是由思想造成的。如果我们想的都是欢乐的事情,我们就能欢乐;如果我们想的都是悲伤的事情,我们就会悲伤。人们是可以通过控制自己的心情,让生活变得绚丽多彩的。

吴梅是个经常愁眉苦脸的女人,小小的事情似乎就都会引起她的不安和紧张。孩子的成绩不好,会令她一整天忧心;先生几句无心的话,会让她黯然神伤;同事的无心举动,也会让她耿耿于怀很久。她说:"几乎每一件事情,都会在我的心中盘踞很久,造成坏心情,影响生活和工作。"

有一天,吴梅有个重要的会议,但是沮丧的心情却挥之不去,看看镜子里自己的脸,毫无神采。她打电话问她最好的朋友:"我该怎么做?我的心情沮丧,我的模样憔悴,没有精神,我还怎么参加重要的会议?"

这个朋友告诉吴梅:"把令你沮丧的事情放下,去洗把脸,把无精打采的愁容洗掉,修饰一下仪容以增强自信,想着自己就是得意快乐的人。注意!装成高兴充满自信的样子,你的心情会好起来。很快地你就会谈笑风生,笑容可掬。"她照着朋友说的去做了。

当天晚上在电话中她告诉朋友说:"我成功地参加了这次会议,争取到了新的计划和工作。我没想到强装自信,信心就真的会来;装着好心情,坏心情竟会自然消失。"

其实,当我们遇到不开心的事情时,只要我们肯稍作改变,就能抛开坏心情,正如我们所说的"态度决定一切"一样,乐观地看待生活,你就会很容易地找到希望,处境就会有所不同。

所谓"仁者见仁智者见智",每个女人对同一件事情,不同的人有不同的理解。生活中有着很多的沟沟坎坎,不同的人生观,不同的生活态度就有了不同的结局,而这就是悲观主义者与乐观主义者的区别。

比如说,花园中盛开着娇艳的玫瑰,有两个人都伸手摘下了一朵,都被刺扎破了手。一人想:扎破手算什么,可以得到这么漂亮的花,辛苦得到的更应该珍惜。他得到了玫瑰,也收获了快乐。另一人想:真倒霉,为一朵破玫瑰扎破了手,不划算。于是他随手丢弃了玫瑰。他扔掉的不仅仅是一朵玫瑰,还有快乐的心情。

我们都听过"人是为了生活而活着"这句话,但是活出精彩却不是那么简单。生活中有很多困难等着人们去克服。乐观的心境就是一种力量。比地大的是天空,比天大的是人心。要知道,心胸豁达的人是真正的强者,好心情则是他们的情绪体验。好心情是宽广的心胸、百折不挠的意志和化解痛苦的智慧。它让人轻松地面对挫折,从不气馁,永远抱着希望前进。乐观者能应付生活险境,掌握自己的命运。

好心情是一种心灵魔力的外在表现,这种魔力不仅能够给日渐枯萎的生命注入新的甘露,也会使你的人生开出幸福的花朵。人应该天天有个快乐的心情,才能创造出有意义的人生和丰富多彩的生活。用好心情去工作,去学习,去生活,也不枉来世间走一趟。

好心情能示人以如花般的微笑,更让人深深感受到那种蕴含在微笑后面坚实的、无可比拟的力量——那是一种对生活巨大的热忱和信心,一种高格调的真诚与豁达,一种直面人生的成熟与智慧。而这些元素才是支撑起一个幸福人生的基石。只要具备了这种淡然如云微笑如花的人生态度,那么,任何困境和不幸都能被锤炼成通向平安幸福的阶梯。

好心情是人际交往的基础,是工作顺利的条件,是避免挫折的手段。女人不妨经常拿起你的镜子,露出一个很开心的笑脸来,挺起胸膛,深吸一口气,经常给自己那些快乐的表情。

放弃没完没了的抱怨，选择自心而发的感恩

一个人的态度决定他的选择，而选择决定他的人生。因此，女人永远不要带着抱怨的情绪去面对生活，即使生活给予你的是艰难与困苦。放弃无休止的抱怨，选择自心而发的感恩。这样，自我也得到了提升。

我们都知道，抱怨并不能改变一个人的命运，反而只能使人更加颓废；抱怨只会繁衍过去的不幸，加重人的负面心情和不满情绪。抱怨已经不只是人性的迷茫，更是人性的溃疡。而感恩是一种处世哲学，是一种生活态度，常怀感恩之心，让你知足愉悦，让你拥有更多的朋友，让你的生活中充满爱与希望。所以，要少一些抱怨，多一些感恩。

我们周围会有这样一些人，好像他们从没有过顺心的事，见人就抱怨自己工作不如意、生活不顺心，和朋友同事在一起的时候也只会不停地诉说他们所谓的不幸。适度的抱怨确实可以发泄情绪，但是在某种程度上来说，抱怨既浪费了时间，让你在原地打转，又解决不了问题。

有一位著名的心理咨询师，讲过这样一个案例。他有一位处于失业状态，依赖父母接济的病人，这位病人目前是一个48岁的单身男士，他两周进行一次心理治疗，并且已经坚持了6年。

这位病人向心理咨询师叙述了他的慢性忧郁症后，就开始抱怨道："我的童年很苦，父亲是个酒鬼，每天大喊大叫，母亲不管事，哥哥还染上了毒瘾。"他还向心理咨询师表示："希望通过治疗能让自己感觉好些，并且消除我的忧郁症。"

看到病人这样，这位心理咨询师说："我发现你没有为改善生活担负应有的责任。"

这位病人突然挺起腰板,双手抱胸,冰冷冷地说:"这些年在治疗上,我已经很努力了。你没有权利这样说,你不理解我。"他详细地讲述了他的治疗过程,他确实一直很努力,但只不过是在扮演受伤者的角色。他总是老生常谈,之所以不快乐,是因为被生活中的人所伤害,包括父母、老师及不忠实的朋友,甚至任何其他人。

对于这位病人的伤痛,人们或许可以表示理解。他有一个不幸的童年,这毋庸质疑,但有不幸童年的人何止他一个,为什么别人可以继续很好地生活,他却不能?这是因为他选择了抱怨,他习惯把失败的责任归咎于周围的环境,并且感到社会没有给他应有的承认。他现在所缺少的是负起生活的责任。

然而这位病人的最大问题不是受到什么样的伤害,而是他现在的态度,他总是把自己当作受到不公正待遇的人,并且认为得到回报里所应当。这种想法是不正确的。因此,现在的症结不在忧郁症,而是他长期的不满足感,他的不知感恩、只知抱怨的态度。他已经接受过长达6年的治疗,现在应该成长了,应该重新开始工作,负担他目前的房租,不再依赖父母。

几个月后,当心理咨询师完成治疗,最后一次见到这位患者时,他已经开始新的工作了,经济上完全独立。他对心理咨询师说:"一开始,我真的不喜欢你,你不讨人喜欢,但我想你确实帮了我。"

和这位病人一样,几乎每个人在生活中都有过不幸。然而我们现在的生活境遇,都和我们面对这些不幸时做出的选择有关,你可以选择抱怨,也可以选择感恩。

选择抱怨过去其实很容易,但对现在和将来的生活负起责任却很难。当然,并不是所有受过伤害的人都是这种情况,但大多数人都属于抱怨类型。他们每天希望得到更多人的理解,反而永远让他们活在自怜中,没有责任感,不想采取行动。

现实生活中也有很多这样的事例,有一些女人总是怨气冲天,牢骚满腹。她们抱怨父母,抱怨家庭,抱怨教育,抱怨社会,甚至抱怨自己,然而这种抱怨是会传染的,所以我们常常会听到烦、没劲、郁闷等怨语。她们从来不会感觉到社会和别人为她的生活所做的贡献。我们也可以说一个只会经常抱怨的人缺少一份感恩的心,因为她不会看到生活慷慨的赐予,不愿付诸行动,也不努力去改变现状,只是没完没了地抱怨。试想有谁会希望和这样的人相处? 同样,一个只会选择抱怨的女人也失去了一份美丽。

我们人类没有谁能够独存于世。所以,人自从有生命起,便沉浸在恩惠的海洋里。人们享受着父母的养育之恩、师长的教诲之情、爱人的关爱之心以及他人的无私奉献,都在强有力地支撑着自己的生命。如果一个女人怀有一颗感恩的心,她就会感谢大自然的福佑,感谢父母的养育,感谢社会的安定,感谢衣食饱暖,感谢苦难逆境……

常怀一颗感恩之心,就会使得女人把这些感恩化做积极行动。那么人与人、与自然和社会的关系就会变得更加和谐、更加亲切,女人自身也会因为这种感恩之心而变得愉快和健康起来。感恩之心是滋润生命的营养素,它使女人的生活充满芳香和阳光。

人生不如意事十之八九,如果长期抱怨,只会使一个女人迷失前进的方向,使自己处于烦躁而消极的状态。如果一个女人一味地怨天尤人,牢骚满腹,那么她只会让成功离自己越来越远。社会上,没有人会喜欢抱怨者。习惯抱怨的人,只会让自己被孤立。选择心怀感恩而积极行动的人是最快乐的。少一些抱怨,不仅是一种平和的心态,更是一种非凡的气度,一种超俗的境界。选择抱怨不如选择怀着感恩之心认真活着,与其抱怨黑暗,不如用自己的爱心点燃人生的蜡烛,照亮通往成功的旅途。

显而易见,抱怨只会让女人陷于越来越糟的状况,而感恩则会让自己更幸福地生活,那么何乐而不为? 不妨放弃抱怨,选择感恩,你的人生将会从此不同。

远离攀比,做个快乐女人

追求完美,其实这本来是很正常的事情。只是有时候,这种追求过了头,就不由自主地出现了争风攀比的现象。而实际上,这就是人的妒忌心在作怪,而过度攀比,只会让女人陷入困境。

坐地铁的时候,我们经常可以听到或看到,一些女孩在和朋友议论,自己在哪儿见到别人穿过的某件衣服特好看,有空一定要买回来;或者说,某个人真不会买衣服,其实那件衣服穿在自己身上才最好看,最合身呢。至于她们买不买是另一回事,只是就她们这样谈论而言,她们就具有很强的攀比心。

女人大多心思缜密,多愁善感,风吹草动,都会引起心里的波澜。当对方某一方面优于自己时,往往会敏感地感受到,并且积聚在心里,长期如此,不安、不满情绪就会表现出来,首先受到影响的就是她的家庭。

在一个阴沉的下午,一位满脸倦容的中年女人垂头丧气地来到了一家心理诊所。进门后,她一屁股坐在椅子上,医生问她话,她什么也不说。沉默了一会儿,她突然打开了话匣子:"我到底做错了什么?现在是老公也跑了,工作也丢了,有个孩子吧,还不好好学习,整天就知道玩电脑,开个服装店,生意也不好啊,弄得我现在什么都没有了,就剩下烦恼了……"

医生抬头看了看她,问道:"嗯,说说吧,你老公是怎么'跑'的?"

女人说道:"谁知道呢,其实我对他够好的了!"

"……你是不是经常说他?"

"是啊,我说他还不是为他好!"

"你都说些什么呢?"

"其实也没说什么,我就说他这人就知道工作,一个月拿那点死工资。

瞧我们邻居小王,人家一有空就去炒股,一年能赚个几十万呢,现在房子也到手了,小汽车也有了。可他呢,卖件衣服还收个假钱。笨死了!"

"那么,工作是怎么回事?"

"我是个会计,前几天在做报表。有一天晚上,我本来准备把做好的数据保存到电脑里,然后第二天再做。可我后来又想加个班把它做完,结果正做着的时候,忽然停电了,没来得及保存,还把过去的原始数据也给弄丢了。正赶上第二天上级下来抽查工作,补都来不及。于是我就被炒了。"

"孩子呢,是因为学习吗?"

"这孩子成天打游戏,考试总不及格,说他也不听,弄得老师经常来家访,脸都丢尽了!"

"那你为啥开服装店呢?"

"哇,你可不知道,我们楼上的张姐,开了家服装店,生意好得不得了,赚了好多钱呢,小楼都盖起来了。她都能做,难道我就不能做?"

医生听完,什么也没多说,只是问:"如果你是一只自由飞翔的鸽子,你会愿意住在笼子里吗?"

女人想说些什么,医生摇了摇头,说起了一个故事。

有两只鸽子,一只住巢穴,一只住笼子。它们是好兄弟。一天,住巢穴的鸽子打电话给住笼子的鸽子,请它去玩。

笼鸽听后很高兴,马上就飞往巢鸽那里。到那后,巢鸽拿出储存的谷子和一些树的种子招待它。它看了看,说:"这也不是啥好吃的,再说,除了吃的,这儿啥也没有。没意思。"

走之前,笼鸽说:"去我那儿玩吧,要啥有啥!"

巢鸽也想出去看看,就跟着笼鸽一起去了。

到了笼鸽那儿,巢鸽面对着鸽笼里那舒适的草窝,再想到自己在野外,一天到晚都要为找食物而忙碌,风里来雨里去,可有时连谷子种子都找不到,不由得感叹自己没福气。

正说着话呢,忽然觉得身后有声响,而且越来越大。吓得巢鸽一下飞得老远,回头一看,原来是一群鸽子飞下来了,它们一到,就争着抢起食来。笼鸽无奈,笑着说:"这是我的朋友,他们和我住同一个笼子。"

巢鸽拍了拍身上的灰,看了看那群鸽子,摸了摸脑袋,对笼鸽说:"我感觉还是我的巢最适合我,这儿虽然有宽敞的鸽笼和可口的食物,可每天都得和别人争食吃,还得挤着睡,还不如回自己做的巢穴舒服。"说完,巢鸽便飞回了自己的巢。

女人听完后,若有所思,又问:"那我就任由事情往坏发展,而无动于衷?"

"那倒不是,我只是觉得你在生气前,可以想想这个故事,再思考一下现在到底什么才是你真正需要解决的问题,难道真是和别人'攀比'出来的问题吗?再想想用什么办法去解决。"

女人顿悟,道别了医生,一身轻松地离开了诊所,快乐的笑容重现在她的脸上。

就像我们俗话说的一样,"人比人,气死人。"被"气死"的往往是那些爱攀比的女人。或许是过于敏感,女人容易看到的往往是别人强于自己的一面,妒忌心油然而起。我们是不是可以学学那只巢鸽,更注重自己的现有生活,而不是动不动就怨恨别人,试着用平和的心态虚心向别人学习,纠正实际中出现的问题和发现的不足。

你有没有在故事中那个女同胞身上找到一丝你的影子?试想一下,攀比并没有给我们带来什么,反而让我们失去了很多,得不偿失。所以,想要做个快乐幸福的女人,就要远离攀比。

欲望无罪，太过不对

欲望是一个人与生俱来的，它是与人的生活形影相随的，一个人如果没有了欲望，生活就没有了乐趣，从而也就失去了前进的动力。但是欲望不能太多，更不能不切实际地好高骛远，要把欲望控制在自己力所能及的范围之内，这样欲望才能够得到满足，才能找到生活中的乐趣和生命的价值。作为女人，在人性中不可避免的欲望面前要学会舍得放弃。

现实生活中，面前众多欲望，很多人都难以自持，舍不得放弃，以至于得不偿失。

古时候曾经有一个国王，他的年纪并不大，但是头发已经全白了。他的面孔苍白，精神也不好，走路的时候两条腿直打哆嗦，甚至连背也驼了，并且每天都无精打采的。国王不知道自己得了什么病，看遍了所有的大夫，还是没有任何起色。

随着国王的病一天天恶化，大夫们却拿不出一个有效的方子来。国王非常生气，于是下令王宫所有的人到市集里去张贴告示，许诺谁要是能治好国王的病，就赏黄金千两、良田百顷，还封官进爵……

告示贴出去已经几天了，却一直没有消息。正当国王在王宫里着急的时刻，终于，有一名老者带着告示来到了国王面前。

国王见他两手空空，心里十分疑惑，问："你不对我用药吗？"

老者一笑，说："国王的病能否治愈不在别人，正在于您自己。"

国王更加疑惑了。

老者接着说道："国王，您是一国之君。您拥有望不到边际的辽阔土地，但是您却没有同样宽广的心胸去观光；您拥有千千万万的臣民，但是您却视而不见,而是命令军队到邻国去掠夺百姓;您拥有用之不竭的财富,却没有满足之心,还要在民间搜刮;您的后宫有端庄、贤淑的皇后和妃嫔,但您还命令内侍去抢劫民女;您拥有忠心耿直的大臣,但您却一直怀疑他们会有二心……"

话还没有说完,国王就大发雷霆:"你好大的胆子!"

老人并未害怕,他只是接着说道:"这些都是您病因的根源。还有,您动不动就大发脾气,就像现在这样!"

国王气得说不出话来,可是他不得不承认老者的话是正确的。过了一会,国王的面部表情慢慢地柔和下来,他换了一种口气,说:"请问,老人家可否有医治我这种疾病的良方?"

老人镇定地说:"有!那就是打破您心灵的枷锁。只有这样,您的心才会得到自由,才会轻松,心一轻松,人的精神就随着振作,那么您的病也就好了。"

"您的良方是要我放弃征战,放弃大量财富,放弃后宫三千美女……"国王不满地问。

"是的。一个心胸狭窄、物欲太盛,又不肯与人分享的人,到头来只会使自己的精神枷锁越来越重。精神颓废了,身体又怎能健康呢?"老人如是说。

国王听后,慢慢地心平气和下来。

在接下来的几年里,国王不再发动对邻国的战争,不再沉溺于酒池肉林之中,不再算计金银财宝多少。奇怪的是,渐渐地国王的身体变得越来越健康,他的头发变黑了,腰也直了,腿也有力气了。

国王经智慧老人的劝说后,理智地舍弃了那些诸如征服、财富、美女等的欲望,所以才重新获得了健康。这对我们是很有教育意义的。

对我们平凡人而言,每一个人心里都有无穷的欲望:贫穷的人想变得富有,低贱的人想变得高贵,默默无闻的人想变得举世瞩目……这是无可非议的,然而问题就在于欲望和能力之间是必须成正比的,也就是寻求欲望与能力之间的和谐。世界上美好的东西很多,人们总是希望得到尽可能多的东西,其实当一个人欲望太多的时候,反而会成为负担;相反,当一个人拥有淡泊的胸怀,却更容易让自己充实满足。所以,选择淡泊,抛弃贪婪吧。

许多人固执地认为,只有金钱与财富才能带给自己安全感,因此就疯狂地聚敛财富。这种人把金钱与财富看得比生命还宝贵,不惜为了钱财去冒任何风险,贪赃枉法,玩忽职守,那么等待他的不也是法律的制裁吗?

不断地追求欲望而得到内心巨大满足的人,其实只是被内在的贪婪推动着,就好像为自己挑选了一身不合剪裁的衣服,却忘记了自己的身材,忽视了适可而止。一个拥有正确价值观的人,必然是一个有着自我节制能力的人,他也知道自己最需要的是什么,不需要的是什么,自然而然的避免了过多的贪婪。

人的一生可以说是短暂的,或者可以说是本来就一无所有而来,最后也一无所有而去。名利荣耀不过是过眼云烟,浮华一世也像梦一场。苦苦追求过多的欲望,结果到头来,劳心伤身,耗尽一生往往都是一场空。何必苛求那么多呢?何不随缘面对,过着云淡风清的日子。所以女人在欲望面前,要学会舍得放弃,去寻找生活中真正的快乐和美好,让幸福更加接近自己。

要想常自在，保持平常心

保持一颗平常心，这是一种豁达与对生命一种参悟的超然。保持一颗平常心，人们就能从容地面对生活中的一切。在金钱和荣誉面前，人们无动于衷；在诱惑和陷阱面前，人们镇定自若；在失意和落魄时，人们不气馁……平常心的内涵博大精深，看似平常的"平常心"，其实并不平常。

失意之事人们常常碰到，有的人怨天尤人，愤世嫉俗；有的人自怨自艾，消极颓废。其实人生就像一条在大海里的小船，起起伏伏，不要为升上波峰而骄傲，也不要为跌入波谷而悔恨。人们做好每天要做的事情，享受生活，享受做好每一件事情所带来的快乐，就会有足够的力量承担难免到来的挫折和痛苦。

曾经有一个大商人因为经营不善而欠下一笔债务，由于无力偿还，在债主频频催讨下，他精神几乎崩溃了，甚至想到了自杀。

于是，他决定在临死前到农村去生活一下，享受最后的恬静生活。

当时，正值七月桃熟时节，果园里结满了红红的大桃，很是诱人。于是，他走进了一个老农的果园。老农看见了，便说："城里人，尝尝我的大桃吧！甜着呢。"

不过，心情低落的他，一点儿享用的心情也没有，但是又无法拒绝老人家的好意，便礼貌地吃了一个，并随口赞美了几句。

老农听见有人赞美自己的桃，便开始滔滔不绝地诉说着自己种植瓜果所付出的心血和辛苦：

冬季修剪果树,春季施肥、浇水、打药,夏季守护……

原来,他大半生都与果树相伴,流了不少汗水,也流过许多泪水。

有一次,遭遇百年不遇的病虫害,眼看着长势颇好的大桃被害虫吃得无法再卖;还有一次,夜里来势凶猛的一场冰雹,几乎打落了所有的桃,他的丰收又变成了泡影……

老农说:"人和老天爷打交道,少不了要吃些苦头或受气。但是,只要你咬紧牙,挺一挺也就过去了。因为,最后果树收获时,仍然全部都是我的。"

这番话让商人醒悟了过来,他听完老农说的话,连说"谢谢",随后便迈着坚毅的步子离开了农庄,开始了自己新的生活。五年后,他在城市里重新崛起,并且成为一个现代化企业的老板。

其实,和老农、商人一样,任何一个女人都可以具备一颗平常心。经历过一些事情后,回头想想,其实人生中遇到的事情,没有必要以太强调谁对谁错、谁好谁坏的心理去对待;对于人生的得与失,也没有必要去斤斤计较;凡事以一颗平常心,正确对待与自己相关的人或事。通过不同的经历,有意识地培养自己的心理承受能力,以平和、乐观的态度对待身边的人或事,让自己始终有个好心情。

许多女人受到不公平的待遇时,经常会生气怨恨。生气怨恨又有什么用呢?只不过是拿别人的错误来惩罚自己。你怨恨我,我怨恨你,人与人之间的仇恨就会越来越多。它犹如一把双刃剑,即伤害了自己也伤害了别人。因此,每一个女人都应当注意,遇到委屈或不公平的事情时,不必计较也不必难过,学会释然,以平常心对待。

平常心,不是不求上进,而是不高估或低估自己的能力,客观地评价自己的能力,是既积极主动、尽力而为,又顺其自然、不苛求事事完美,那是一种从容淡定的自信心。平常心是我们在日常生活中经常会出现的对于周围所发生的事情的一种心态,它是"无为、无争、不贪、知足"等等观念的汇合。

平常心,是不卑不亢的一颗心,是做事情时保持冷静,认认真真,待人诚恳的一种态度。作为女人,我们不仅要以一颗平常心去面对挫折,面对困难,面对失意,也要以平常心面对成功,面对顺境,面对得意。不管自己处于人生的何种状态,都要始终以一颗平常心走好自己的人生路,真正领悟平常心的意义,并以此作为人生准则,从中获取无限的欢乐与满足,做一个永远幸福的人。

尤其现在,社会上有些人无论是对人还是对物,都喜欢以金钱来衡量,似乎越贵的东西就越有价值,越有钱的人就越伟大,这是拜金主义泛滥,使人们价值观发生扭曲。此时,保持一颗平常心尤为重要,否则这样下去,会有很多人处在迷茫、徘徊的状态中,导致自我心态把握上的失准,继而陷入名利诱惑的苦海中不能自拔。

总之,保持一颗平常心能够让人们保持冷静,不妄自菲薄,不骄傲自满。它是一个人修养的体现,也是维系终身,受益终身的"处世哲学"。

少计较一些,少烦恼一些

经常听到这样一句话,"快乐不是因为拥有得多,而是因为计较得少。"行走在人世,很多女人总是不由自主地计较些什么,然而计较并不会使女人得到什么,反而烦恼更多,以至于顾此失彼,甚至得不偿失。所以女人要懂得少计较,这样才能少烦恼。

女人人生路上的交叉口数不胜数,这些都需要占用女人的精力和时间,然而它们有轻重缓急之分。对一些小事而言,没有必要斤斤计较,该糊涂时要糊涂,该闭一只眼就要闭一只眼。不要总是顾忌自己的面子、学识、地位、权势,计较少了,烦恼也就少了,这样才会幸福、快乐,才是成功的人生。

在现实社会中,如果一个女人过分讲究原则,难免会经常碰钉子,为周围的人所不容,甚至仇视,她自己也会感觉为人处世之难。这也就是我们常说的"水至清则无鱼,人至察则无徒"。所以女人不妨含蓄点,秉着大事化小、小事化了的原则,不必斤斤计较。

而这就要求女人无论是做人还是处世,都不要太认真,也不要太计较、太精明,凡事睁一只眼闭一只眼,偶尔"难得糊涂"。

睁一只眼闭一只眼,不是指欺软怕硬、纵容坏人之类,当然也不是指要对一些不平之事袖手旁观,而是指宽容。虽然睁一只眼闭一只眼后,狭小了视野,却使我们开阔了胸襟。那因闭了一只眼睛而看不到的地方,并不是真正看不到了,而是我们以"严于律己、宽以待人"的胸襟,有意识地不去看它,不去计较它。这样就能把本来看到的别人的缺点给忽略不计了。女人忽略了别人的缺点,便能把别人看得好一点,从而润滑了人际关系,创造了和谐的环境,自然就能更好地在这个世界上生存和发展。

难得糊涂,指的也不是什么都稀里糊涂,而是指小事糊涂大事明白。糊涂,不是自我欺骗或自我麻醉,而是有意糊涂,容可容之事,然而在原则性的问题上绝不姑息养奸,这就是大智若愚,是人生的最高修养,也是人生的一大谋略。

在我们周边常听到女人抱怨生活不公平、不如意的声音,她们总是跨不过那扇快乐之门,被众多琐碎的事困扰,其实这只能让烦恼更进一步消耗女人的意志和自信,损害自己的健康,有百害而无一利,对改善自己的境遇也毫无帮助。

威廉·詹姆斯说过:"明智的艺术就是清醒地知道该忽略什么的艺术。"女人不要被不重要的人和事过多打搅,因为成功的秘诀就是抓住目标不放,而不是把时间浪费在无谓的牺牲上。

如果女人是狮子,就要选择好自己的对手,对于老鼠一类的挑战,要懂得放弃比赛。

有一次,一只鼬鼠向狮子挑战,要同它决一雌雄。狮子果断地拒绝了。

"怎么,"鼬鼠说,"你害怕吗?"

"非常害怕,"狮子说,"如果答应你,你就可以得到曾与狮子比武的殊荣;而我呢,以后所有的动物都会耻笑我竟和鼬鼠打架。"

所以,女人要明白,如果与一个不是同一重量级的人斤斤计较、争执不休,就会浪费自己的很多资源,降低其他人对自己的期望,并无意中提高了对方的层面。而且,一个女人对琐事的兴趣越大,对大事的兴趣就会越小,眼界也就被局限了。

如果女人都能做到凡事不轻易计较,从而真实地认清自己,心中就会少了很多不满和勾心斗角的欲念。否则,若处处计较,处处与人攀比,处处与人较真,不懂得把自己缩小,把自己融入群体中去,女人自已就会变得像一个"刺猬",这样只会搞不好人际关系,也永远不会成功,永远不会满足,就永远都不会快乐……

女人要懂得,美好的生活应该是时时拥有一颗轻松自在的心,不管外界如何变化,都希望自己能有一片清静的天地。清静不在热闹繁杂中,更不在一颗计较太多的心中,打败心魔,烦恼少了,自然开阔心胸、心境,也自然而然便清静无忧。

所以女人少计较,少烦恼,而且社会将多一份和谐与美好,个人也将多一份成功的机会和把握。

拿得起,自然还要放得下

在这个世界上,有的人活得轻松,而有的人活得沉重。前者是拿得起、放得下,所以潇洒;而后者是拿得起、却放不下,所以沉重。所以,人生最大的包袱不是拿不起来,而是放不下去。女人唯有拿得起又放得下,才能成就最完美的人生。

古语有云"君子坦荡荡,小人常戚戚"。拿得起,放得下,是一种快乐,当你解开名缰利锁的缠绕,一切都放得下,心灵一片空净,烦恼自然散去,快乐就会降临。

有一天,老和尚携小和尚游方,途经一条河,见一女子正想过河,却又不敢过。老和尚便主动背该女子趟过了河,然后在河岸放下女子,与小和尚继续赶路。小和尚心里一路嘀咕:师父怎么了?竟敢背一女子过河?一路走,一路想,最后终于忍不住了,说道:"师父,您犯戒了,我们和尚怎么可以背女人?"老和尚叹道:"我早已放下,你却还放不下!"

这个故事启发人们,有些事要放得下,要忘记,才会轻松上路,像小和尚一样,一直对之前的事念念不忘,反而被其所累。

得与失和拿起放下一样,都是事物的两面。你得到了太阳,就失去了月亮;得到了白天,就失去了黑夜;得到了春天,就失去了冬天;得到了成熟,就失去了天真;得到了繁华,就失去了宁静。总之,上帝是公平的,他赐予你一样东西,肯定会从你身边拿走另外一样。所以,从某种程度上说,人生路上很多时候得亦是失,失亦是得,得中有失,失中有得。在得与失之间,我们无需不停地徘徊,更不必苦苦地挣扎,女人应该用一种平常心来看待生活中的得与失,要清楚对自己来说什么才是最重要的,然后主动放弃那些可有可无、不触及生命意义的东西,求得生命中最有价值、最纯粹的东西。否则,太贪婪,什么都想要得到,最后只会变得一无所有。

世间女人不可避免为物所役,被名所累,为情所扰,在现实生活中,让女人"放不下"的事情实在太多:女大学生常常忧心忡忡,怕毕业后比男生更难找到工作;在工作上做错了事被老板指责,遇到困难或挫折一蹶不振;与男友分手,会在很长时间里心结难解;子女升学考试,当妈妈的心总是放不下……

其中最值得一提的,同时也是女人最常见、程度也最深的"放不下"是对待感情。狄更斯说:"苦苦地去做根本就办不到的事情,会带来混乱和苦恼。"泰戈尔也说:"世界上的事情最好是一笑了之,不必用眼泪去冲洗。"然而女人很难做到。女人比较感性一些,当爱的时候往往全身心投入,刻骨铭心地去爱,然而拿得起,却放不下。男人失恋后拉着几个哥们大喝一顿发泄,但女人却会长时间一直纠结在心,难以排解,泪湿满襟,郁郁寡欢,甚至痛不欲生。

在感情中"放不下"的女人,就像风筝,即使飞得再高,线还是牵在别人手里;在挫折中"放不下"的女人,就像蜗牛背着重重的壳,很难轻松上路;在过去的成功中"放不下"的女人,犹如井底之蛙,只看到自己狭小的天地,却看不到外面更广阔的世界……

拿得起,放不下,长此下去势必产生心理疲倦,乃至发展为心理障碍。看看镜子里的自己,是不是无精打采,皮肤是不是没有往日光泽,眼角的细纹是不是又深了一些?

每次面临进退的选择,当你感到恐惧和疑虑时,就如同面临一条拦路的小河沟,其实你抬腿就可以跳过去,就那么简单。在许多困难面前,女人需要的,只是那一抬腿的勇气。

女人眼光要放远一些,人生无需太多的"名利",人心无足,欲望难填,纵使百万富翁,守着家财万贯,也是生不带来,死不带走;即使爬得再高,权力再大,又怎能保证身体的健康,精神生活的富有?人生不必也不用有太多的"荣耀",虚荣殆尽,最终也不过是华梦一场,梦醒四望,难逃下场的可悲。

林语堂言:"懂得如何享用你所拥有的,并割舍不实际的欲念。"所以,女人要做到事事顺心,就要拿得起、放得下,让不愉快的事情过去,不放在心上。

知足常乐,做快乐女人

活在当下,物质的多元化,造就了多元化的世界,每个人每天都在面对着很多诱惑。在这个浮华的世界,如何摆正自己的位置最重要。女人要试着体会知足常乐的心境,懂得享受工作和享受人生。

知足常乐,是一种平和的境界,是一种豁达的人生态度。

知足常乐的女人,不是说她安于现状,没有追求,没有目标,而是说她懂得取舍,懂得放弃,懂得适可而止。女人如果不懂得知足,就会不知凡事循序渐进,就不会量力而行;凡事也不会把握有度,适可而止。这样的人常常过分苛求自己与别人,变得贪婪、自私,然后陷入永无止境的不满。

不知道大家有没有听过"99一族"的故事。

有位国王,天下尽在手中,可是却仍旧不满足。

国王自己也纳闷,为什么对自己的生活还不满意,尽管他也有意识地参加一些有意思的晚宴和聚会,但都无济于事,总觉得缺点儿什么。

一天,国王起了个大早,决定在王宫中四处转转。当国王走到御膳房时,他听到有人在愉快地哼着小曲。循着声音,国王看到是一个厨子在唱歌,脸上洋溢着幸福和快乐。

国王感到奇怪,他问厨子为什么如此快乐?厨子答道:"陛下,我虽然只不过是个厨子,但我一直尽我所能让我的妻小快乐,我们所需不多,头顶有间草屋,肚里不缺暖食,便够了。我的妻子和孩子是我的精神支柱,而我带回家哪怕一件小东西都能让他们满足。我之所以天天如此快乐,是因为我的家人天天都快乐。"

听到这里,国王让厨子先退下,然后向宰相咨询此事,宰相答道:"陛下,我相信这个厨子还没有成为99一族。"

国王诧异地问道:"99一族?什么是99一族?"

宰相答道:"陛下,想确切地知道什么是99一族,请您先做这样一件事情,在一个包里,放进去99枚金币,然后把这个包放在那个厨子的家门口,您很快就会明白什么是'99一族'了。"

国王按照宰相所言,令人将装了99枚金币的布包放在了那个快乐的厨子家门前。

厨子回家的时候发现了门前的布包,好奇心让他将包拿到房间里,当他打开包,先是惊诧,然后狂喜:金币!全是金币!这么多的金币!厨子将包里的金币全部倒在桌上,开始查点金币,99枚,厨子认为不应该是这个数,于是他数了一遍又一遍,的确是99枚。他开始纳闷:没理由只有99枚啊?为什么只有99枚啊?那一枚金币哪里去了?厨子开始寻找,他找遍了整个房间,又找遍了整个院子,直到筋疲力尽,他才彻底绝望了,心中沮丧到了极点。

他决定从明天起,加倍努力工作,早日挣回一枚金币,以使他的财富达到100枚金币。

由于晚上找金币太辛苦,第二天早上他起来得有点晚,情绪也极坏,对妻子和孩子大吼大叫,责怪他们没有及时叫醒他,影响了他早日挣到一枚金币这一宏伟目标的实现。

他匆匆来到御膳房,不再像往日那样兴高采烈,既不哼小曲也不吹口哨了,只是埋头拼命地干活,一点也没有注意到国王正悄悄地观察着他。看到厨子心绪变化如此巨大,国王大为不解,得到那么多的金币应该欣喜若狂才对啊!他再次询问宰相。

宰相答道:"陛下,这个厨子现在已经正式加入'99一族'了。'99一族'是这样一类人:他们拥有很多,但从来不会满足,他们拼命工作,为了额外的那个'1',他们苦苦努力,渴望尽早实现'100'。原本生活中那么多值得高兴和满足的事情,因为忽然出现了凑足100的可能性,一切都被打破了,他们竭力去追求那个并无实质意义的'1',不惜付出失去快乐的代价,这就是'99一族'。"

我们可以看出"99一族"是不知道知足常乐的人,这样的人是不快乐的,也是不幸的。现实中也有很多这样的例子,比如由于不懂得知足常乐,所以错过了很多美好的东西。

30岁的"剩女"李蓉在大学期间经历过一段纯洁、浪漫的象牙塔里的爱情,但毕业迫于各种原因,最后两个人不得不分手了。那之后,李蓉又和几个男人见过面,也有人很好、条件不错的适合她。但是,在和对方接触的过程中,她总是不自觉地把他们和曾经的男友对比,而且不断挑剔他们每一个人的缺点,跟谁在一起都无法让她找到曾有的爱的感觉。慢慢地,李蓉就对恋爱失去了兴趣,甚至有了将独身进行到底的想法。

由于李蓉的不理智,导致了她成了"睁眼瞎",最终没有"怜取眼前人",让原本可以顺理成章的事情变得复杂起来,最终错过了很多适合的人。其实,"尺有所短,寸有所长",如果经常拿眼前男人身上的缺点和以前男友的优点相比,一定是越比越不满意,因为每个人都是不相同的。但如果换个角度,拿眼前男人身上的优点比以前男友身上的缺点,或许会发现,现在身边的人也有很多值得喜欢的地方。

知足常乐的女人,恬淡自持,她不会盲目攀比,不会轻易嫉妒,这是一种智者才拥有的心态,她知道自己想要什么,并且怎样才能守住自己心底最珍惜的。

每个女人都生活在尘世,知足常乐,才能做个快乐女人。

既然落花无意,那么流水也要无情

女人恋旧,无论过去带给自己的是美好还是不幸。女人最容易沉溺于一段感情当中,而当这段感情名存实亡时,她依旧会珍视如初,认定今生今世不会再有比其更好的惠顾自己。然而,你越是这样想,就会越痛苦。因为你让自己一直活在虚拟的海市蜃楼里。

放手过去不是一个动作,因为我们做不出这个动作,它只是一个前提,只有放弃过去,才能着眼未来,只有想像着未来,才能走好现在的每一步。所以,放弃过去,对于曾经受过伤害的你至关重要。当然了,我们这里所说的伤害不只是感情上的伤害,还有其他类型的伤害,总之是要放弃的。这就好比朱熹说过的一句话:问渠那得清如许,唯有源头活水来。所以,从现在开始,每个女性朋友都该仔细检讨一下自己,看看有没有一直都活在过去,是不是早已成了一潭死水?如果是的话,就赶紧行动起来。

从前有一女子和未婚夫约好在某年某月某日结婚。到那一天,未婚夫却娶了别人。女子受此打击,一病不起。家人用尽各种办法都无能为力,眼看她已奄奄一息了。这时,路过一游方僧人,得知情况,决定点化她一下。

僧人到她床前,从怀里摸出一面镜子叫她看,女子看到茫茫大海,一名遇害的男子一丝不挂地躺在海滩上。这时路过一人,看一眼,摇摇头,走了……又路过一人,将衣服脱下,给男尸盖上,走了……再路过一人,过去挖个坑,小心翼翼把尸体掩埋了……

女子正疑惑间,镜子里的画面换了,她看到了自己的未婚夫,洞房花烛,掀起盖头的瞬间,新娘容貌酷似那个掩埋男尸的人……女子不明所以,僧人解释道,那具海滩上的男尸,就是你未婚夫的前世。你是第二个路过的人,曾给过他一件衣服。他今生和你相恋,是为还你一个情。但是他最终要报答一生一世的人,是最后那个把他掩埋的人,那人就是他现在的妻子。女子大悟,立时从床上坐起,病已痊愈……

大家看到这里作何感想？这个故事告诉我们一个哲理:那就是世上所有的事情,特别是人与人之间,原本都有一个"缘"字,可缘份缘份,最终有没有那个"份"字,却很难说了……不过,该是你的,终究会属于你,不是你的,再辛苦最后也得不到。所以,人在这一生里将会遇到许许多多的事情,但无论什么时候,都不能因沉溺于过去而放弃新的追求……因为只有振奋精神,才能开拓进取,而放弃过去是未来所有新生活的开始。

最后,我们还是以爱情作例来说明。爱上一个人不需要勇气,但是放弃一个爱上的人却需要很大的勇气。当你爱上一个人的时候,他仿佛已经根植在自己的心房了。放弃他,无疑仿佛将自己的心也挖出来。可是他不爱你,根植在你心房的思念就像带有腐蚀性的毒品一样,将你的五脏六腑慢慢腐蚀掉,简直比挖心还痛苦。尽管你很爱他,感觉没有他自己会活不下去,但是这仅仅是一种感觉而已,因为你还没有努力去放弃,常言道:少了谁,地球都会转。所以,即使你放不下,但也要强迫自己放下;即使精神上暂时放不下,也要在行动上着眼于当下与未来,不要让你的生命在绚烂的时候无辜枯萎。

所以,从现在开始,放弃过去的种种,用心憧憬未来,努力活在当下,演绎真正的自己！在生命的旅途中,我们不缺执着,缺的是选择与放弃,从这一刻开始,做好自己。

明智地放弃，有时也是为了更好的拥有

中国有句古话："将欲取之，必先予之。"放弃绝不是代表着失败和妥协，一种务实的放弃是为了更少地失去，更好地拥有。有时候，选择了放弃，也就等于选择了成功和获得。实践证明，孤注一掷自谋生路者大多走出了一条新路，骑牛找马的结果却是很难找到马，虚度了人生中的黄金时光。

在实际的生活中，懂得及时放弃的人并不在多数。比如，有时候，人们明明知道自己的选择错了，但是仍然在坚持着，或者是在等机遇的出现，或者是等待上天的垂怜。然而，就在这个过程中，他们又错失了其他的机会，结果却一事无成。

有两个贫苦的人上山采集野菜，在山里发现两大包棉花，两人喜出望外，棉花价格很高，将这两包棉花卖掉，足可供家人一个月衣食。于是两人便各自背了一包棉花，赶路回家。

走着走着，其中一个人眼尖，看到山路上扔着一大捆布，走近细看，竟是上等的细麻布，足足有十多匹。欣喜之余，他和同伴商量，一同放下背负的棉花，改背麻布回家。

他的同伴却有不同的看法，认为自己背着棉花已走了一大段路，到了这里丢下棉花，岂不枉费自己先前的辛苦，坚持不愿改背麻布。先前发现麻布的人屡劝同伴不听，只得自己竭尽所能地背起麻布，继续前行。

又走了一段路后，背麻布的人望见林中闪闪发光，待走到近前一看，地上竟然散落着数坛黄金，他心想这下真的发财了，赶忙邀同伴放下肩头的麻布及棉花，改用挑柴的扁担挑黄金。

但同伴仍是那套不愿丢下棉花，以免枉费辛苦的论调，并且怀疑那些黄

金不是真的,劝他还是不要白费力气,免得到头来一场空欢喜。

发现黄金的这个人只好自己挑了两坛黄金,和背棉花的人一起赶路回家。走到山下时,无缘无故下了一场大雨,两人在空旷处被淋了个透湿。更不幸的是,背棉花的人背上的大包棉花,吸饱了雨水,重得完全无法再背得动,那个人不得已,只能丢下一路辛苦舍不得放弃的棉花,空着手和挑黄金的同伴回家了。

这个故事很具有讽刺性,那个背着棉花的人在我们看来就是一个傻子,他根本不知道放弃那不值一钱的棉花去追求更宝贵的东西,或者是因为担心放弃后带来的风险。但事实告诉我们,现实生活中有很多这样的人,只是他们追求的那些物质不如棉花、黄金可见性强而已。

对于进取者来说,一味地追求所得和所获而不想付出任何代价是不可能的。当生活在欲求永无止境的状态时,人们将永远都无法体会到生活的真谛,因为一味地追逐只会负重愈久愈沉。人生有舍才有得,想要得到更多,首先就要做好失去更多的准备。

适当地放弃包含着丰富的人生智慧。当一个人能不为世俗的微功小利煞费心机的时候,他才有可能认真思考自己真正需要的一切,才有可能避开身边无谓的争斗和纷扰,而积蓄起奋发的能量。

明朝正德年间,王阳明率兵征讨反叛朝廷的宁王朱宸濠。由于他多谋善断,一举将朱宸濠擒获,在朝中立了一大功。

当时江彬深受皇帝宠信,他一向嫉妒王阳明。这次,他认为王阳明夺走了自己大显身手的机会,于是就散布流言说:"王阳明和朱宸濠原来就是同党,朝廷要派兵征讨,王阳明才前去抓住朱宸濠以求解脱。"正德皇帝听到江彬的这种说法,便想要治王阳明的罪。

正在这时候,另一位朝中官员张永和王阳明商量说:"现在只有把擒拿朱宸濠的功劳让出去,才能避免不必要的麻烦。如果坚持下去,那么江彬就会狗急跳墙,做出伤天害理的无耻勾当。"并让王阳明称病到净慈寺休养。

于是,王阳明把朱宸濠交给张永。张永回报皇帝说:"朱宸濠被抓住了,这完全是江彬的功劳。"

不久以后,皇帝明白了事情的原委,也随之免除了对王阳明的处罚。王阳明以取舍之术,舍去了赫赫功劳,从而避免了飞来横祸。

"有所得必有所失"。我们不必一味地争强好胜,在必要的时候,宁肯后退一步,做出必要的自我牺牲。这时的舍得未尝不是一种明智,它甚至也是另一种拥有。

感情上也是如此,如果你努力了,也坚持了,却始终仍旧没有得到属于你的爱情,那么你是时候放下这段情愫了。及时地放手,不再无意义地纠结下去,重新开始,你才有可能找到真正的那份属于自己的幸福,坚信它就在前面不远处。

恰到好处地放弃是为了更好地拥有,这也是一种境界,是饱览人间沧桑之后对物欲的一种从容,是运筹帷幄、成竹在胸的一种流露,是历尽跌宕起伏之后对世俗的一种淡定。只有在了如指掌之后才会懂得放弃并善于放弃,只有在懂得并善于放弃之后才会获得比常人更大的成功。因此,明智地放弃,有时不仅是一种更好的选择,也是更好的拥有。

第五章

女人修养课
提升女性魅力,让平凡的你卓尔不群

　　生活在如今这样节奏快、竞争激烈的时代,女人更加艰难。因为经济地位的相对平等,社会空间的扩大,女人就不可避免地扮演不同的角色,在不同的人们之间周旋和应付。女人的累往往超乎男人的想像。一个好女人,要身兼多职:男人的好老婆、领导的好下属、孩子的好母亲、父母的好女儿。

　　然而,女人不能因此而迷失自己。女人要照顾好自己的家庭,也要维护好自己的事业,还要保持女人特有的魅力,要么温柔,要么自信,要么潇洒,要么性感,这样才是幸福完美的人生。

　　人生如戏,每个女人都是自己命运的唯一导演。女人要懂得把握自己人生的平衡,多疼自己一点点,做个爱自己的女人。只有这样才能彻底悟透人生、驾驭人生,并使自己超然地笑看人生,且拥有海阔天空的人生境地。

是女人就要有点女人味儿

漂亮的脸蛋和匀称苗条的身材只是女人的一种外在形象,而一个从内到外散发出"女人味"的女人,常常会使周围的人改变最初对她的印象,乐于和她接触,而且相处越久越觉得她别具魅力,并且看起来也越来越漂亮。

什么是女人味呢?

具体来说可能概念很模糊,但凡女人身上独有的气质、个性都可以算。女人味,更多指的是内在修养,一种由内而外地散发出来的令人着迷的光彩。而且,至少可以肯定的是女人味能给别人带来美感,能令异性产生爱慕和喜悦。绝大多数男人都渴望自己拥有一个魅力无限而且善解人意的女人,都希望自己未来的妻子知书达礼、活泼可爱、温柔体贴、外貌端庄……以上男人期望女人所具备的这些,都可以说是女人味。

那么女人味都体现在哪些方面呢?

其一,举止优雅,温柔感性。

一个女人,即使不说话,我们也能感觉出她有没有女人味。女人偶尔玉手轻捻头发,拢到脑后,自然而然对旁人温柔一笑,这不经意的瞬间也是美妙的风景。温柔是女人特有的武器,女人最能打动人的就是她的温柔,不仅对男人有效,对同性也是如此,因为它能令人不由自主地沉浸在女人所营造的氛围中。

其二,善解人意。

有女人味的女人,往往心思敏捷,玲珑剔透,她能体察别人"欲言不能言"的内容,因此能善解人意,特别是对男人这样。很多男人不善言谈,不善于表露自己的内心世界,所以女人恰到好处的善解人意,会增进彼此的默契,相处愉快,这就是女人味了。

其三,母性的光辉。

经常遇到这种情况,熟悉的女人生了小孩子后,身体有的发福,甚至走了形,皮肤也没有之前好,然而女人整个人看起来却更显得温和明朗,平易近人。即便是平日里大大咧咧没有女人味的女人,也会看起来舒服了很多,比之前显得有女人味了一些。这是因为有了孩子之后,女人的"母性光辉"被充分激发出来,而且发挥得淋漓尽致,女人眉宇间那种自然流露出的母性气质、圣洁的光彩,让人不由得感到亲近,这个时期的女性具有独特的女人味。

其四,从容自信。

经过时间的沉淀,女人会给人一种沉静的感觉,尽管和以往不同,然而却另有魅力。看看张曼玉和赵雅芝,为什么人们觉得她们反而越老越美,越来越有女人味?美在哪里呢?就是她们身上散发出来的那种从容、自信。章子怡和巩俐相像,前者更为青春、娇俏一些,然而为什么大家还是觉得巩俐更有女人味?就是因为章子怡没有巩俐的那份独有的从容和自信,以及散发的浓郁的女人味。

其五,独有的个性魅力。

每个女人都有自己的磁场,然而常常魅力风采不足以吸引人。其实女人的个性魅力,不是脸谱化那么简单,每个女人都可以拥有自己的个性或独有的风采,而且如果能将这种风采很好地发挥出来,就能形成与众不同的魅力,这也是另类女人味。更多情况下,女人独有的个性魅力,会让人忽视女人其他方面的不足,让女人脱颖而出。很多人有王菲一样出色的音色,为什么王菲才是人们心目中的"歌后",因为她的独有个性,世界上找不出第二个和她一样的人来。再比如说安吉丽娜·朱莉,性感女星排行榜上一直有她的名字,她吸过毒,外貌也不是最突出,她自立自强,然而又不是敬而远之的强势,在人们眼里,她就是这样迷人。所以女人,要发挥出自己独有的个性,才会有属于自己独有的女人味。

女人时常发现,男人们总向那些漂亮的女人大献殷勤,找女朋友的时候也很注重选择外在形象好的女孩,然而最终他们结婚的对象反而是那些相貌不是很突出,然而却具独特魅力的女人。所以,经常去光顾美容院、热衷购买化妆品的女人需要注意了,如果你是"女为悦己者容",那么真正让自己获得完美的是内在的修养和气质,以及你充实的大脑,和由此表现出来的女人味。托尔斯泰说过,"女人不是美丽才可爱,而是可爱才美丽",就是这个意思。

综上来说,如今人们对美的追求是多层次的,现代女人追求的美也是越来越立体化的美。女人拥有美好的外貌、形体是其次,要求更高的是有智慧才干、内在修养等,这样才会真的迷人,才会让你独有的"女人味"悠长隽永。

放弃不是梦想的终结者,而是新机遇的集结号

生活其实很简单:东西丢了,找一下,实在找不到,就忘了它,去找下一个。聪明的女人会懂得对眼下的情况做出权衡,该执着时执着,该放弃时放弃。不会审时度势的女人往往会走进死胡同,这不是真正意义上的坚持,而是一种偏执。只有冲破原有的禁锢,才能获得新生活,继续寻找自己的梦想。因为,有时候放弃也是一种智慧,这里不行,我们还可以到别处去寻找出口。

在 Discovery 频道里曾经有这样一个动物记录片:

在夏日枯旱的非洲大陆上,一群饥饿渴乏的鳄鱼陷身在水源快要断绝的池塘中,较强壮的鳄鱼已经开始弱肉强食同类了,眼看物竞天择、强者生存的情景正在上演。

这时,一只瘦弱勇敢的小鳄鱼却起身离开了快要干涸的水塘,迈向未知的大地。

干旱持续着,池塘中的水愈来愈混浊、稀少,最强壮的鳄鱼已经吃掉了不少同类,剩下的鳄鱼看来是也难逃被吞食的命运;然而却不见有鳄鱼离开,在它们看来也许栖身在混水中,等待迟早被吃掉的命运,似乎总比离开、走向完全不知水源在何处还安全些。

池塘终于完全干涸了,唯一剩下的大鳄鱼也不耐饥渴而死去,它到死还守着它残暴的王国。

可是,那只勇敢离开的小鳄鱼呢?经过多天的跋涉,幸运的它竟然没有死在半途上,而是找到了一处水草丰美的绿洲。

尽管粗看起来是小鳄鱼有好的运气,但是问题的关键应该是小鳄鱼它懂得选择离开,懂得放弃原有的生活空间。纵然在几天的跋涉中会有一点辛酸,一点疲惫,一点痛苦,但它最终存活了下来,获得了一处水草丰美的绿洲。同时也向我们证明了这样一个道理:物竞天择,未必强者生存,改变观念便能改变命运的适者生存哲学。人生就是这样,勇于竞争做强者的人未必一定赢得最后的比赛,反而是那些能够自我调整、改变、开创新生活的人更能适应环境而生存下来。

在人生的每一次关键时刻,我们都要做出正确的判断,选择属于自己的正确方向。同时也不要忘了随时检查自己选择的角度是否产生偏差,适时地加以调整,时刻留意自己所执着的意念,是否与成功的法则相抵触。这不是在否认执着的价值,而是让自己努力的方向更加接近成功。

选择改变需要智慧,而放弃也需要智慧。池塘中的大鳄鱼的死去,就是因为它到死也不愿意放弃自己残暴的王国。女人不要在不适合自己的地方苦苦挣扎,要懂得衡量清楚,才不会太过于委屈自己。女人苦苦追求不属于自己的东西,不但会因此迷失了自己,也徒然地耗费了青春和精力。与其如此,不如轻轻放下,反而会惬意无比,人生才有可能柳暗花明,再展宏图。放弃,既是一种理性的表现,也不失为一种豁达之举。人生需要放弃,放弃了无路可走的死胡同,你就会有新的契机。

女人应当学会理智地放弃,并且敢于放弃,不要为一点利益斤斤计较,也不要怕选择会错误,因为错误常常是正确的先导,它教会女人逐渐学会放弃。有时候,如果人们可以放弃一些固执、限制甚至是利益,这样反而可以得到更多。

生活多憾事,世事无圆满,放弃不是弱者无奈的选择。如果当爱情已不在,只有放手才能让一切过往成为美丽的回忆而不至于生出因爱而恨的遗憾,这段因不舍而放手的情感将随时间的流逝而云淡风轻,成为心底一道别样的风景。

暂时的放弃也是一种智慧,它会让你更加清醒地认识自己,反省自己,摆脱烦恼,让疲惫的身心得到调整。放弃所有的负荷能让你轻松上路,以豁达明智之心,获得新的拥有。

所以,如果你仰慕奋斗者的成功,就必须放弃安逸闲散的生活;如果你向往清静的田园生活,就必须放弃都市的繁华;如果你希望游览千山万水,就必须舍弃乡土乡音的温馨与柔美。选择改变便能改变命运,背向太阳只会看到自己的阴影。只有当女人们懂得选择离开、选择放弃后,才会有更广阔的生活和发展空间。

选择是一种智慧,放弃也是一种智慧;选择是一种开始,放弃更是一种重生。适时的选择和放弃是真正意义的潇洒,是更深层面的进取。所以,试着放弃陈腐守旧的观念,放弃不切实际的梦想,放弃心中所有难言的负荷,放弃对权力的角逐,放弃别人给你带来的痛楚,放弃屈辱留下的仇恨……

把适度的"虚荣"当成一种美德

女人都不喜欢别人认为自己爱慕虚荣,所以,有必要问自己一个问题:什么是虚荣?还有,我们日常讲的爱面子是不是虚荣?过分的虚荣心已成为人性中根深蒂固、难以根除的心理弱点,那么,有什么方法能够趋利避害,发挥它对人有利的一面呢?心理学家告诉我们:"完全可以!"对于虚荣心,不要单纯地拒绝或者破坏它,而应该去改善它、诱导它为自己的人生加分。

词典里对虚荣的解释是:表面上的光彩。所以,虚荣心也就是追求、爱慕表面上光彩的思想、心态、观念和意识。然而,女性在职场中打拼,为的不就是表面上的光彩吗?有几个人敢说她们的打拼只是为了修身养性?所以说,只要我们的虚荣不要太过度,就完全可以不避讳它。

尽管如此,在我们的观念中,虚荣心还是不好的东西,这是因为我们一直被世俗的偏见挤压着,以至于不能够正确看待虚荣。所以,作为一个有实力的职场女性,不擅长利用自己的虚荣心是不可能成为人中翘楚的,要知道桂冠永远不会戴在山谷里寂寞的百合花头上。因此,我们要大大方方地面对自己的虚荣心。

如果一个人偏要说自己真的没有任何虚荣心,那么所有的人都可以指着她的鼻子说她在撒谎!或者说她太懒惰了,已经没有上进心了!如果真到了那一步,她将被无情地抛弃。所以,我们要做的是重新思考虚荣心,恰当地利用虚荣心,让它引导我们不断向前,而这可以被我们称作适度虚荣。

也许会有人说,虚荣心给人带来的是对名利的追逐,让人无法做到淡泊与宁静。但是,这样说的人要仔细想想了,你连舒适的生活都没有,还有什么资格去谈论淡泊名利?所以,我们思考一番后不难发现,凡是这样说的人,不仅是怀着"吃不着葡萄说葡萄酸"的心理,而且很有可能是对自己安于现状、不思进取所找的一个借口。所以,一个人要永远记住:只有你成功了才可以明白自己是不是淡泊名利,如果你连成功的边都没有沾到,怎么可以有权利说自己淡泊名利呢?相反,拥有恰到好处的虚荣心的人,无论是工作还是生活,都会及时给自己一个明确的目标,并且努力去实现它。所以只要不过分,有虚荣心是好事。

女人天生爱面子,喜欢漂亮,也正是因为如此,才会促使她们更注意自己的仪表和姿态,以优美的外表给别人留下好印象。而且,爱面子也是一个人自尊心的一种表现,你只有尊重自己,才会得到别人的尊重。同样的,面子是需要你自己来维护的,只有你爱面子,面子才会爱你,别人才会给你面子。

接下来,说说怎样才算是适度虚荣。在这一点上,或许,我们可以将虚荣比喻成是一枝带刺的玫瑰,意即它能为你增色,也能将你刺伤。擅长利用虚荣心可以为你的人生加分,而过度的虚荣心往往会对人的身心造成伤害。所以,当你在为自己理想的职业和生活打拼的时候,需要经常问问自己,有没有虚荣过度?首先,这一点具体表现在工作中就是:你是脚踏实地做成绩还是只在做表面文章?大家都知道,有许多女性在职场往往是弄虚作假、哗众取宠,以此来赢得老板的赞赏,殊不知结果往往事与愿违,坑了自己。其次,过度虚荣表现在爱情中就是:你爱他的钱是否胜过爱他的人?如果你的答案是肯定的,那你就要警醒了,小心成了物质的奴隶。我们知道的许多女性就是因为没有把钱花在刀刃上,而只是为了满足强烈的虚荣心而盲目追求高消费,才弄得不但"面子"争不回来,还让自己债台高筑。在此,我们不妨举个例子。

相信大家都知道《项链》里边的故事:

教育部职员骆尔塞的妻子,她为了参加教育部部长举办的晚会,把丈夫准备买鸟枪的四百法郎拿去买了衣裙,又向女友借了一串钻石项链。在晚会上,她的姿色打扮显得十分出众,"男宾都望着她出神"、"部长也注意她"。她觉得这是"一种成功",十分满意。回家后,她脱衣时突然发现项链不见了,夫妇二人大为惊骇,在遍寻无着的情况下,只好赔偿。在首饰行里,他们找到了一串一模一样的项链,价值三万六千法郎。由于他们本身生活就不是很宽裕,面对这一笔大数目,他们不得不到处借债,最后买了一串真的钻石项链还给物主。但此后,他们整整花了十年工夫,才还清了债务。后来的一天,玛蒂尔德碰见女友,在言谈中知道先前借给她的项链是件赝品,而她却赔了真的项链。

可见,玛蒂尔德的不幸是因为她过度的虚荣心在作怪,所以,作为新时代的女性,千万不能再重蹈覆辙。

还有一些女性会因为过度虚荣给朋友带来伤害。她们往往是在朋友面前吹嘘自己的美貌、才华和财富,以至于让朋友感到反感和蔑视,久而久之,也就没有人愿意与她往来了。

综上所述,我们有必要这样问自己:我的虚荣心是建立在自己实力的基础上的吗?因为如果没有实力而只是用谎言来满足自己的虚荣心,内心深处是强烈的自卑情绪,这样已经是一种心理缺陷,需要心理治疗来解决问题了。所以,最后让我们对自己说,重新定位虚荣吧,让我们借着"适度虚荣"这片帆驶向更远的前方!

可以选择羡慕，但决不可以嫉妒

女人有超强的嫉妒心是不可取的：首先，嫉妒心会使人心胸狭窄，从而让人很难有大的作为；其次，嫉妒心还会唤醒女人的攀比意识，而盲目攀比于家庭于个人来说都是有害无利的；最后，嫉妒心还会影响女人的风度、修养，使之趣味降低。

"嫉妒"二字都用女字旁，这并不是说男人没有嫉妒心，男人同样嫉妒得厉害，但是中国古人发现，女性嫉妒的情绪变化表现最为显著。男人和女人的嫉妒表现形式、发泄方法不大相同，相对来说，女性的嫉妒比较表面化、情绪化。所以，就连莎翁，也说过"女人，你的名字叫妒忌"。

一般来说，女人的嫉妒只是针对女性而言。比如一个三十岁的女人可以坦然地去夸赞一个十几岁的小姑娘漂亮可爱，但是肯定不情愿去赞美一个二十几岁的女孩，这就是女人的嫉妒。

女性的嫉妒心表现在方方面面，比如工作仕途中，女上司不能容忍女下属比自己漂亮，女员工嫉妒同事人缘好，在单位有人气，或者嫉妒同事得到上司赏识等。此外，还有很大的一部分体现在家庭、生活、子女，乃至相貌穿戴等诸多方面，诸如：她家庭幸福，有个能挣钱或有地位的丈夫；她的儿子或女儿学习比自己的孩子好，不费劲地考上全市重点中学或小学；她年轻漂亮，穿戴出众……这些统统都极易引起女人的嫉妒，即使很有风度，大气地当面夸奖对方，其实在表示羡慕的同时，说话女人的内心并不舒服，仍是那种酸溜溜的感觉。

嫉妒，这种感情，是一种极欲排除别人优越的地位、或想破坏别人优越的状态，含有憎恨的非常强烈的感情。

有一个人遇见上帝。上帝说：现在我可以满足你任何的一个愿望，但前提就是你的邻居会得到双份的结果。那个人高兴不已。但他细心一想：如果我得到一份田产，邻居就会得到两份田产；如果我要一箱金子，那邻居就会得到两箱金子；更要命的是如果我要一个绝色美女，那么那个看来要打一辈子光棍的家伙就同时会得到两个绝色美女……他想来想去总不知道提出什么要求才好，他实在不甘心被邻居白占便宜。最后，他一咬牙："哎，你挖我一只眼珠吧。"

艾青说"妒忌是心灵上的肿瘤"，上面这位宁可损人不利己，也不愿让邻居白占便宜，可以称得上是"嫉妒"的极致了。

实际上，嫉妒的例子是很多的。

在汉高祖刘邦死后，吕后派人砍去了他最宠爱的戚夫人的手脚和四肢，又让人剜去了她那双迷人的眼睛，再用药熏聋她的耳朵，强迫她喝下哑药，然后将不死不活的戚夫人扔在厕所里，看着她被折磨地一点点扭动，还称其"人彘"。戚夫人就这样在受尽折磨之后，无声地死去了。

大多数情况下，女人嫉妒表现得比较浅显，所以常常使人将妒忌心与女性天然地联系起来，特别是在现实生活中遇到某些具体的事情，会使被嫉妒者（包括女性个体）从心理上对女人的妒忌心生厌，觉得这种女人实在浅薄得很。

其实，每个女人都有属于自己的光环，谁也不会被别人的光环所掩盖，然而往往是嫉妒蒙蔽了女人的双眼，它吞噬了女人美丽的内心，熄灭了女人的自信和光环，但是却点燃了熊熊的嫉妒之火，这团怒火根本伤害不到别人，受伤的只会是女人自己。

如果你的男朋友移情别恋了，或者你的老公搞婚外情了，这个时候，睿智的女人，不要生气，更不用去歇斯底里地大喊大叫。因为你永远都是圣洁美好的，而那个背叛感情的人不值得你为他伤心、难过。如果你的那个他跑到别人那里去了，不要自我压抑，不是你不够好，只是他不懂得欣赏你的美，你用不着为不懂欣赏自己的人去生气，更不屑去吃醋，你的漠视就是对对方最好的回击。走出阴霾，继续开心快乐地生活，你依然光芒四射，在不远处，总会有懂得欣赏你的那个人出现。

女人要切记，远离嫉妒，专心做好自己，在自己的人生舞台上，你自己是最美丽的。真正属于你的观众，是会懂得欣赏你的。不要被妒火掩盖了自己的美丽，做一个最美丽最开心的有教养的幸福女人！

凡事往好处想，心胸更敞亮

生活本来就是有挫折、有艰辛、有苦恼、有困惑。女人凡事都往好处想能乐观地对待挫折和压力，才可以准确找到生活的角度，展示生命的风采。凡事都往好处想，就会以镇定从容的心情享受生活。

如果你想好事时，心情就立刻可以变好，如果你想坏事时，心情就会变坏。遇到事情总是能够往好的方面想，忧愁就会不翼而飞，做什么事都会有干劲。

有一个叫米契尔的青年，一次偶然的车祸，使他全身三分之二的面积被烧伤，面目恐怖，手脚变成了肉球。面对镜子中难以辨认的自己，他痛苦迷茫。他想到某位哲人曾经说的："相信你能，你就能！问题不是发生了什么，而是你如何面对它！"

他很快从痛苦中解脱出来，几经努力、奋斗，变成了一个成功的百万富翁。此时此刻，他不顾别人规劝，非要用肉球似的双手去学习驾驶飞机。结果，在助手的陪同下他升上天空。但之后飞机突然发生故障，摔了下来。当人们找到米契尔时，发现他脊椎骨粉碎性骨折，他将面临终身瘫痪的现实。家人、朋友都悲伤至极，他却说："我无法逃避现实，就必须乐观接受现实，这其中肯定隐藏着好的事情。我身体不能行动，但我的大脑是健全的，我还是可以帮助别人的。"他用自己的智慧，用自己的幽默去讲述能鼓励病友战胜疾病的故事。他走到哪里，笑声就荡漾在哪里。

一天，一位护士学院毕业的金发女郎来护理他，他一眼就断定这是他的梦中情人，他把他的想法告诉了家人和朋友，大家都劝他："这是不可能的，万一人家拒绝你多难堪。"他说："不，你们错了，万一成功了呢？万一答应了呢?"

多么好的思维,多么好的心态!他勇敢地向她约会、求爱。两年之后,这位金发女郎嫁给了他。米契尔经过不懈的努力,成为美国人心中的英雄,成为坐在轮椅上的美国国会议员。

可以想像一下,若米契尔缺少积极和平和的心态,总是钻牛角尖,沉浸在自己的痛苦中无法自拔,那他的生活是不会向幸福转变的。

凡事往坏处想的人,总会担心失败,并且无法把这份担心放下,而越想把担心的念头驱除,它却来得更频繁。凡事往坏处想的人,总是自己折磨自己,做事前盲目地做最坏的打算,从单方面为自己提供了失败的心理暗示,导致自信水平下降,人为地为成功设下了障碍。

从前,有两个人结伴穿越沙漠。走到半途,水已经喝完了,其中一人因中暑而不能行动。于是同伴把一枝枪递给中暑者,再三吩咐:"枪里有五颗子弹,我走后,每隔两小时你就对空中鸣放一枪,枪声会指引我前来与你会合。"说完,同伴满怀信心地找水去了。

躺在沙漠里的中暑者却满腹狐疑:同伴能找到水吗?能听到枪声吗?他会不会丢下自己这个"包袱"独自离去呢?

暮色降临的时候,枪里只剩下一颗子弹,而同伴还没有回来。中暑者确信同伴早已离他而去,自己只能等待死亡了。他想像着:沙漠里的秃鹰飞来,狠狠地啄瞎他的眼睛,啄食他的身体……终于,中暑者的精神彻底崩溃了,他把最后一颗子弹送进了自己的太阳穴。

枪声响过不久,同伴提着满壶清水,领着一队骆驼商旅赶来,找到了中暑者温热的尸体。

听完这个故事,你是否会为中暑者的命运而叹息呢?中暑者没有被沙漠的恶劣气候吞没,而是被自己的恶劣心理毁灭。面对友情,他用猜疑代替了信任;身处困境,他用绝望驱散了希望。

在我们的身边,这样的人很多,他们在做任何事情之前,都要预设种种困难,把结果想像得非常糟糕,似乎他们所做的事情一定不会成功,失败才是正常的。而他们的这种心理设想,往往就真的变成了现实。他们总是做失败的心理准备,对于成功从没有积极的心态。凡事往坏处想的人,自己为自己结了一张"心网"。它就像一张无形的网,越挣扎,被困得越紧。

在做事前对困难做好充分的估计是有必要的。但是,从人的主观角度,过分夸大了困难的程度,事情还没开始做就已经被自己的设想吓倒了,以至于不能积极地分析解决麻烦的途径与方法,只会被动地接受失败的到来。另外,人们过分低估了自己的能力,或者有过失败的经历,也会造成不良心理,总是随时做好失败的准备。

女人,面对的是充满挑战的社会,需要有积极的心境,只有充满自信、有坚强的意志和足够的勇气才能克服人生道路上的种种艰难险阻,迎接未来的美好人生。

多疼自己一点不为过

女人一生中担当的角色太多,而且繁重。女人心里要知道,别人对自己不好,或许可以忍受,但是自己一定要多疼自己一点。

往往女人一旦嫁作他人妇,就意味着以后的生活会更加操劳。女人要为丈夫、为孩子、为工作、为家庭、为生活着想,她不得不做一个温良恭俭的好女人:夫不良好言相劝;子不肖苦口婆心;孝顺公公婆婆;善待兄弟妯娌等,一句话,只要踏进了婚姻这道槛,女人便要鞠躬尽瘁,死而后已。

男人总觉得女人是"购物狂",女人确实很会花钱,喜欢购物。然而女人买的东西很多都不是给自己的,女人给男人和孩子买的衣物总是远远超过给自己买的。女人即便狠下心一回,也是专门挑那些打折的或者相对便宜的,还心疼得要命。女人总是把最好的留给家里其他人。女人总是那么无私地去付出,肩负这些"甜蜜的负担",花在自己身上的心思越来越少,常常不知道要多爱自己一点。

作家梁晓声曾说,来世他想做女人,但他会做一个平常的女人,一个没有花容月貌的女人,活得非常理智,绝不用全部心思去爱任何一个男人。他还说,用三分之一的心思去爱一个男人,就不算负情于他了;用另外三分之一的心思去爱世界和生活本身;再用那剩下的三分之一心思来爱自己。

最后那一句"再用那剩下的三分之一心思来爱自己"这句话让人感触颇深,无法不让人动容。看看我们周围所有接触到的女人,其中又有多少女人用过三分之一的心思来爱过自己呢?

细心的人会发现,同一年龄段的东西方女子有着很大的不同。西方女子自小耳濡目染、言传身教，骨子里就有种独立，她们对待感情也好，事业也罢，总是很投入，然而她们更懂得享受，更懂得爱自己、保护自己。

而踏入了婚姻中的中国女人呢，在自己的孩子没出生之前，用尽全部心思去爱老公，等到孩子出生了，还要全身心地去爱孩子，这时候的女人眼里就更没有了自己，整日里为这个家奔忙，任劳任怨，里里外外都要顾，以为付出的总会得到相应的回报。而那个称之为老公的男人，从最初的心怀感激到习以为常，你再怎么做，做得再怎么好，他也已经麻木了，因为他已经习惯了你的忙碌，习惯了你的操劳，更过分的是他会认为你所做的这一切都是理所当然的。

很多女人是单纯而执着的，为了家庭甘愿牺牲自己的一切，满心满眼都是丈夫和孩子，为了一心一意在家相夫教子，辞掉不错的工作，努力做个贤妻良母，完全忽略了自己。可到最后，丈夫禁不住外面花花绿绿的世界的诱惑，背叛了女人，以和女人没共同语言、感情破裂为由，和女人离了婚。

这是多么悲哀的事实，从某种程度上说，男人的变心是女人惯出来的。

俗话说，"得之愈艰，爱之愈深"。人们总是对得来太容易的东西，不珍惜。所以，不知道疼爱自己的女人，男人也不会去疼爱。女人再多的付出，再多的爱到最后，男人只会觉得是应该的，时间久了都不会珍惜。所以聪明的女人是先疼爱自己，爱惜自己的身体。

女人应该怎样多疼自己一些呢？

女人不要把所有的家务都大包大揽，让丈夫或孩子参与其中，给他们一个体会你日常为家辛劳的机会。当女人的劳动成果被人忽视，那么"罢工"几次，让某些人知道，没有你地球照转，你不是无偿小时工，也没有必要一天超过八个小时为他们义务劳动。

女人要有属于自己的私人时间，做自己喜欢的事。尤其是注意保养，当女人有闲有钱的时候，去度假，或者做做美容，多做做健身，必要的时候减减肥。不过女人要明白，所做的这些出发点不是为了取悦某人，更多的是取悦自己。

每个月发工资时，犒劳自己一下，和闺中好友逛街，买一些平时早就想买的"奢侈"东西，这样的话，你做起工作来会更认真更投入，更有成就感，更能找到对生活的乐趣。

　　女人有事业心和上进心即可,不要太苛求自己,所以千万不要太好强,不要把自己沦为赚钱的工具。

　　不要经常生气,记住"生气是用别人的错误来惩罚自己",保持好心情。

　　其实,女人要疼爱自己一些,多经营自己一些,这样女人就会多一成自信,多一份光彩。不论女人装着爱人和孩子的心有多满,都要记得为自己留一个小小的空间,来疼自己。只有懂得疼自己的女人,才会越来越美丽,才会被人疼惜,才会赢得比期望更多的爱。

寂寞的女人也很美

很多女人对寂寞有着莫名的恐惧,所以总是让自己远离寂寞。其实生活在世间,寂寞是不可避免的一道风景,女人要懂得享受它,因为寂寞原来是如此美丽。

什么是寂寞呢?古代闺中女子"独行独坐,独唱独酬亦独卧"是寂寞的,吧台前独自一人,手持缭绕的香烟,品味高脚杯中红酒的女人是寂寞的。寂寞女人的眼神,或深邃,或迷离,或了然。

当寂寞敲门的时候,有时是女人失意、受挫的时候。女人的理想很丰满,然而敌不过现实的骨感,会寂寞;当下定决心做了一件自己想做的事情却不被周围的人所理解的时候,会寂寞;当辛勤地工作与努力地生活,却仍不能让自己满意的时候,会寂寞;当自己以为找到可以信赖的人,却发现实际让自己很失望的时候,会寂寞……

当女人一路走来,有快乐,也有无奈,自然也有寂寞。寂寞是很奇妙的东西,它带给女人很多好处,女人可以因此更加美丽。

寂寞让女人回归真实的自我,女人只有在寂寞的时候,才可以露出自己的本来面目,才最真实。

不知道从什么时候开始,女人朴实无华的脸上,开始了化妆,后来慢慢开始带起了面具。有时候连女人自己也忘了自己的真实模样。寂寞,使女人脱掉外面那层伪装,洗尽铅华,素面朝天,露出真实的自己。女人在寂寞中,听见自己的呼吸,自己的心跳,感受自己的激情,享受自己的乐趣。

女人在寂寞中思考。无论在家庭中还是社会中,都深陷于一张错综复杂的无形的大网。当寂寞在不经意间来临,女人总会不由地一次次回想之前的经历,无论是感情还是工作。

仔细想想,虽然每个女人的一生都是完全不相同的经历,但是每个女人却都会有同样的感受,那就是在人生的道路上没有伴随有一帆风顺的坦途,总是不可避免地遭遇挫折与坎坷,总要经历孤独和寂寞。女人在寂寞的时候,认真思考,用一颗坦然的心去正视这所有的经历,这样会进一步加深女人对人生的感悟。而寂寞时候的思考,让女人头脑清醒起来,对未来的计划也会更加可行。

所以,女人如果在寂寞的单调中练就了智者一般的思考,那么在实际生活中就会发现,以后不管发生了什么事,你的自信都不会失落,而会变得更加从容和坦然。所以耐得住寂寞的女人给人的感觉是从容而智慧的。无论身处怎样的境遇,她们总是宠辱不惊。寂寞中练就的平静、淡定的心态使得女人在选择时,能够冷静稳妥,这种女人让男人心驰神往却心生敬重,也让其他女人由衷欣赏,心生艳羡。

寂寞的女人懂得更好地享受生活的乐趣。寂寞挫去了女人的冲动与莽撞,增添了一份成熟与稳重,于是,女人的内心变得安静而又平和。女人在寂寞中,慢慢懂得了忍耐与谦让,不再激愤于人间的尔虞我诈,不再为名利勾心斗角,坚信属于自己的终会到来。

于是,女人心境变得明朗,能够"得失皆忘,观天上云卷云舒;宠辱不惊,看庭前花开花落",懂得享受生活的点点滴滴,也懂得"风风雨雨都接受"。

寂寞原来如此美丽,只有真正享受过寂寞的女人才知道其中的妙处,它让女人有一份独特的魅力,挥之不去,绵韵悠长。

选择蜕变，获得重生

不经历风雨，怎能见彩虹？凤凰涅槃方能持续自身的美丽，蚕蛹破茧而出才能化身为蝶。而女人也只有选择接受蜕变，才能脱胎换骨，获得自己的重生。

女人往往习惯安于现状，享受现有的安逸，即使工作平淡无奇，碌碌无为。可是这样的人生不会是一成不变的，当你陷入困境，或者面临困难和挫折、不得不变的时候，你如何决定，做出怎样的选择？

老鹰是世界上最长寿的鸟类，它可以活70年。不过，每只老鹰在40岁时，都会面临一次严峻、艰难的抉择。这是因为，当老鹰到了40岁时，它的爪子就不再锋利，甚至会抓不住猎物；尖锐的喙会变得又长又弯，几乎碰触到自己胸前的羽毛；翅膀也逐渐老化钙化，变得十分沉重，厚重的羽毛使它不再灵活，飞翔起来十分吃力。

40岁的老鹰面临着两种选择，要么自然淘汰死亡，要么就得经历一次历时150天的痛苦的蜕变。如果老鹰选择后者，那么它就必须飞到一个绝高的山顶，栖息在那里，找一块岩石筑巢，暂时停止飞翔。停留下来之后，老鹰就要用老化的喙啄打岩石，直到喙完全脱落！等新的喙长出来，鹰还要用新喙把爪上老化的指甲一个个拔出；等到新的指甲长出来后，又要把钙化的羽毛一根根从身上拔下。这样漫长的5个月后，老鹰又会获得了新生后的30年生命，它重新开始了蜕变后的飞翔。

毫无疑问，老鹰为自己的重生付出了高昂代价，其蜕变过程是相当艰难痛苦的，然而老鹰并没有终结生命，而是重新焕发光彩。

曾有研究表明，女人比男人适应能力更强，这是因为女人接受能力强，所以能够很快地适应新环境。然而，也正是由于女人接受能力强，所以容易

"逆来顺受"。其实在每个女人的一生中都会陷入困境,面临最困难的选择。作为女人,如果改变不了别人,改变不了环境,那么你要做的就是改变你自己,你有两个选择:要么畏惧挑战,选择逃逸,接受命运的摆布,从而用一生的时间写满平庸与消沉,留下许多人生的遗憾与凄惨;要么选择重新审视自己的工作及生活,突破束缚,挑战自我,放手一搏,开始一个蜕变的过程,去寻求属于自己的一片天地。

对比之下,女人想要获得重生,就必须选择接受蜕变,尽管苦痛是难免的。虽然女人没有鹰一般的蜕变能力,但是心态和精神也是可以蜕变的,为了蜕变,女人所需要的就是"对自己狠一点",即一份自我改变的勇气与再生的决心,这份决心来自自我超越,只有能走出自己的"围墙",才能看到外面更精彩的世界,才能书写生命的壮观,铸就有价值的人生。

和往事"告别",对自己说声"不要紧"

每个人都知道,过去的事情已无法改变,为过去悲伤无异于浪费生命。女人活在当下,要学会重视、珍惜现在,彻底摒弃消极心理,敞开自己的心扉,不要过多地忧虑未来,也不能留在原地叹息过去,跟往事说声再见,相信乌云散尽必定会有晴空。

人生难免会遇到不幸,在很多不幸的事情发生之后,人们即使再悲伤,事情也不会有任何改变。但如果你有一个乐观的心态,就可以把不幸对你造成的伤害降到最低。

一艘游轮正在地中海蓝色的水面上航行,船上有许多正在度假中的新婚夫妇,也有不少单身的未婚男女穿梭其间。他们个个兴高采烈,随着乐队的拍子起舞。其中,有位明朗、和悦的单身女性,大约60来岁,也随着音乐陶然自乐。

这位上了年纪的单身妇人,曾遭丧夫之痛,但她能把哀伤抛开,毅然开始自己的新生活,重新展开生命的第二个春天,这是她经过深思之后所做的决定。

有一段时间,她很难和别人打成一片,或把自己的想法和感觉说出来。因为长久以来,丈夫一直是她生活的重心,是她的伴侣和力量。她知道自己长得并不出色,又没有万贯家财,因此在那段近乎绝望的日子里,她一直追问自己:如何才能使别人接纳我、需要我?

才50多岁便失去了自己生活的伴侣,自然令她悲痛异常。但随着时间的流逝,这些伤痛和忧虑慢慢减缓乃至消失,她也需要开始新的生活——从痛苦的灰烬之中建立起自己新的幸福。她曾绝望地说道:"我不相信自己还会有什么幸福的日子。我已不再年轻,孩子也都长大成人,成家立业。我还有什么地方可去呢?"可怜的妇人得了严重的自怜症,而且不知道该如何治疗这种疾病。好几年过去了,她的心情一直都没有好转。

后来,她觉得孩子们应该为她的幸福负责,因此便搬去与一个结了婚的女儿同住。但事情的结果并不如意,她和女儿都面临一种痛苦的经历,甚至恶化到大家翻脸成仇。这名妇人后来又搬去与儿子同住,但也好不到哪里去。后来,孩子们共同买了一间公寓让她独住。这更不是真正解决问题的办法。最终她找到了答案:我得使自己成为被人接纳的对象,我得把自己奉献给别人,而不是等着别人来给我什么。想清了这一点,她擦干眼泪,换上笑容。幸好她一直有个嗜好——画画。她十分喜欢水彩画,现在更成了她精神的寄托。她忙着作画,哀伤的情绪逐渐平息。而且由于努力作画的结果,她开创了自己的事业,使自己的经济能完全独立。同时,她也抽时间拜访亲朋好友,尽量制造欢乐的气氛,却绝不久留。

许多寂寞孤独的人之所以会如此,是因为他们不了解爱和友谊并非是从天而降的礼物。一个人要想受到他人的欢迎或被人接纳,一定要付出许多努力和代价。她开始成为大家欢迎的对象,不但时常有朋友邀请她吃晚餐,或参加各式各样的聚会,并且她还在社区的会所里举办画展,处处都给人留下美好的印象。

后来,她参加了这艘游轮的"地中海之旅"。在整个旅程当中,她一直是大家最喜欢接近的目标。她对每一个人都十分友善,但绝不纠缠不放,在旅程结束的前一个晚上,她的舱旁是全船最热闹的地方。她那自然而不造作的风格,给每个人都留下了深刻印象,并愿意与其为友。

从那时起,这位妇人又参加了许多类似这样的旅游,她知道自己必须勇敢地走进生命之流,并把自己贡献给需要她的人。她所到之处都留下友善的气氛,人人都乐意与她接近。

女人要摆脱不幸给我们带来的伤害,就必须远离自怜的阴影,勇敢走入充满光亮的人群里。比如像那位单身夫人那样,去拜访旧朋友,去结交新朋友。无论到什么地方,你都要兴高采烈,把自己的欢乐尽量与别人分享。

沉浸于过去的忧伤,于事无补,而且还会让这种消极的情绪感染自己身边的人,让他们不得不远离自己。其实,不妨对自己好一些,对过去一笑置之,对自己说,没关系,不要紧,一切都会好起来。

若事情无法改变,至少可以改变心情

生活中没有如果,世上也没有后悔药。生活中难免有轻松也有沉重,有欢乐也有悲伤。不要庆幸什么,也无须埋怨什么,凡是生活的馈赠人们都欣然接受好了。所以,当事情无法改变时,至少可以改变心情。

生命充满了遗憾、失望、误解,只有通过宽容和释放自己的负面情绪,原谅自己,才可以让自己感到轻松和自由。否则沉浸于过去当中,只会不断纠结,难以自拔。而现实中是没有你所想像的那么多"如果"、"假设"的。

小李进入公司刚刚一年,因为表现优秀,很受领导器重。她也暗下决心一定要做出一番成绩来。

一次,上级领导要她负责一个企划案,为一个重要的会议做准备,还透露说如果这次企划案能赢得客户的认可,她将有可能被调到总公司负责更重要的职务。这对小李来说,是个千载难逢的机会。她非常卖力,每天都熬夜准备这份企划案,憧憬着自己的未来。

可是,到了开会的那天,小李由于过度紧张,出现了身体不适,脑子一片混乱,甚至没有带全准备好的资料,发言的时候词不达意,几次中断。会议的结果可想而知……

失去了一个这么好的机会,小李为此懊恼不已。之后,由于她的状态一直不好,又有过几次小的失误,她对自己更加不满。经过这一系列的错误之后,她已经没有以前的自信了,甚至觉得自己不适合这个工作。她一次次问自己:为什么老是在关键时刻出错呢?自己是不是应该换一份工作了呢?她开始惩罚自己,变得反复无常,有时候不吃饭,有时候又暴饮暴食,或者拼命地喝酒……

小李的情绪越来越不好,领导找她谈过几次话,宽慰她过去的事情都过去了,人应该向前看。虽然她的情绪渐渐稳定了下来,但是她还是不能原谅自己。她为自己的失误而自责,如果自己能够抓住这次机会,也许自己现在……要是自己能够在开会之前,再检查一次准备的资料,要是自己能够再表现得冷静一些话……她在心里不停地想着如果,假设,越来越没有心情做好手中的事情,以致对自己的工作能力失去了信心。最后,她不得不递交了辞呈。

很多女人会像小李那样,总是幻想着如果当初不怎样怎样,事情就不会像现在这么糟糕,甚至有时人们都不止一次地问自己,希望再来一次。然而时光不能倒流,我们既不能穿越到过去,也不可能穿越未来,所以当你用"如果"来抚慰自己心灵的时候,这个世界的一切都没有改变。

生活中有太多太多的遗憾,有些遗憾人们能试着去补救,但有些事情穷尽一生也无法挽回。生活的美妙和残酷正在于此,它不会给你重新来过的机会,人永远不可能经历相同的两件事。这不就是真实的生活么!

过去已成过去,未来仍虚无缥缈,所以,既然已经错过了以往的精彩风景,那就开始欣赏即将到来的美景。与其假设一万个幻想,不如原谅之前的过错,实实在在地珍惜真实生活的每一步,认认真真地把握好现实生活中的每一分每一秒,努力学习,认真工作,对着生活中的遗憾微笑,告诉自己下次一定会变得更好。

请在异性面前保持自尊

很多人说,女人是感性动物,尤其是在异性面前,有时候经常把握不好分寸,难以维护尊严,有失风度。女人只有保持自尊并活出自己的价值,才能体会人生的真谛,才能被别人尊重,才能保持恒久的魅力。

女人在和异性相处中,不能丧失了应有的尊严,也不能为顾及面子而委曲求全。那么女人怎样才能在男性面前保持自己自尊呢?

作为女人,要明白自己是独一无二的,知道自己最想得到的是什么,尊重自己,不要尝试扮演别人、模仿别人或套住别人,你就是你。千万别猜度一个男人需要些什么,更不要扭曲自己来迎合他,这是不诚实的,而且最终会被他揭破,反而让他对你心生反感,敬而远之。

做一个和男人旗鼓相当的对手,跟他有一个对等的关系。男人总会由于某方面的出色而有优越感,所以有时会轻视交往中的异性。女人应该找出什么对自己重要和自己的优势,并确定他也有同感,两人差距没有那么大。女人不一定要完全依赖男人,女人在男人所不擅长的领域同样很出色,这是自己的骄傲,应该让他认识到。

不要暧昧,恰当的时候果断拒绝男性。女人有时候需要主动提出拒绝,或者拒绝不想发展的一些异性,或者拒绝发展中的他提出来的某些要求。女人拒绝他人求爱,根据对象不同,会有各种不同的借口和理由,大体上如下:我只是把你当成兄长,我们年龄上有些差别;我现在的生活太复杂,我有男朋友;我不和同事约会;我致力于事业,我是独身主义者等等。然后告诉对方,不是他的错,只是你觉得最好你们还是做朋友。当和你交往中的男友向你提出一些大胆的提议时,不要因怕失去而一味迎合他,告诉他你的想法,当然,说辞要动听、委婉。

　　让他感觉和你在一起很轻松,塑造自然、融洽的氛围。有的女人相处起来很不自然,或热情过度,或冷面相对,要知道女人行为举止太刻意,会让人紧张,或者让男士感到威胁,反而会望而却步,女人自己也会备感尴尬。女性应小心,不要为了引起男人注意,而做出常人难以理解的举动,或说些意想不到的话,你不需表现的太过露骨和太过精明。女人总是习惯把男人想的那么复杂,其实并非如此,别对他们那么苛刻,亦不要自以为是,以自己心目中的男人模式开始一段关系。男人就像女人一样,并不是什么洪水猛兽。让一个男人顺其自然,接受他的一切,你会减少很多麻烦,表现自然些,经常保持笑容就已足够。

　　从容分手。分手时维护自己的尊严,这一点女人最不容易做到,但也是要特别注意的。都说恋爱中的女人智商是最低的,为了感情可以付出一切,包括自尊。如果是对方提出来的,说明你们的缘分已经走到了尽头,无法挽回,那么你就不要存太多侥幸了。所以不要泪流满面,拉着他的衣角让他再给你一次机会,否则总有一天你会为现在的行为后悔和惭愧。如果是你提出的分手,也要给对方留足颜面,优雅从容、干净利落分手。不要一时心软,听他信誓旦旦承诺以后会怎样改变自己,要知道江山易改本性难移,你不要抱任何幻想。

第六章

女人气质课
女人因自信而美丽

　　选择是量力而行的睿智和远见,放弃是顾全大局的果断和胆识,选择和放弃都不是盲目的,都需要智慧,也需要勇气。生活的真谛便在取舍之间。

　　在生活中,女人有太多太多的东西舍不得放弃、舍不得放手。要知道鱼和熊掌不可兼得,苛求完美并不能给自己带来幸福,只有学会选择和放弃,才能掌握自己人生的主动权。女人应该拿得起放得下,做个果敢机智的人。

自信的女人最迷人

古龙说过一句话："自信是女人最好的装饰品，一个没有信心、没有希望的女人，就算她长得不难看，也绝不会有那令心动的吸引力。"自信是一份永远不为外人夺取、永远属于女人自己的财富，自信的女人有着独特魅力，她睿智聪慧，善解人意，在为人处世上从容、大度，不易陷入世俗的漩涡中。

自信能使一副平庸的面孔变得光彩照人。

自信的女人，不一定是事业上的女强人。女强人的雷厉风行总使人敬而远之。而自信的女人却没有这样的特点，她们或者刚强，或者柔弱，但都使人易于接近、喜欢接近。自信的女人只是遇事有主见，工作细心、踏实，成绩卓越。自信的女人善解人意，知道如何把握周围人的心理，从而与大家友好相处。她们偶尔会露出豪爽的一面，用一份坦诚与爽朗使你心悦诚服；偶尔也会显现她们的柔弱，总容易使人对她们心生怜爱，继而心甘情愿地为她们做事。

自信的女人，不等同于自大、自负的女人。后者或者容貌出众，或者才华杰出，或者家财万贯，所以她们总是目空一切，高高凌驾于众人之上，仗着自己的优势，不肯轻易向凡间俗物低头，给人一种望而生畏的感觉。

而自信的女人，可能一无所有。但会因为有自信而多了平和，多了宽容，多了礼貌，多了和颜悦色，因而，众人眼中的她，犹如圣母玛利亚般，易于交谈、易于接近，因而愿意亲近。她开心她快乐她尽情地享受生命的乐趣，又清醒地保持灵魂的明净。她深知阳光与黑暗的交替，面临困境心中依然有光明和希望而决不气馁。她的心像一颗种子，历尽沧海桑田，洞彻世事烟云，依然会顽强地在沙土里开出鲜花。她的笑声和细语如冬日暖阳，即使在逆境中也能化解人们心中的坚冰。

美貌可使女人骄傲一时，自信可使女人骄傲一生。

自信的女人是最好的妻子。她体贴丈夫，她看到丈夫闷闷不乐也许不会问为什么，但她会给丈夫斟上一杯热茶，然后把他抱在自己怀里，她明白男人也有脆弱的时候，这时候就像个孩子，需要的是亲人般的呵护和疼爱。

当然也有很多女人，不自信，或者说，她们经常有不自信的行为。

例一，男人手机一响，女人就迫不及待追问："谁来的电话？"或往往听见对方是陌生女人的声音，更要打破沙锅问到底了。现在还有很多女人没有意识到自己的这种行为，它已经成为习惯或条件反射。本来偶尔地问问，没有问题，但若一听手机响就神经质地追问，那就是一种不自信的表现。

而且或许你本来没有多想，丈夫却以为你疑神疑鬼，怀疑他，到最后引起他的防备，甚至他真的离你而去。

例二，遇事慌忙。有的女人，一旦在家庭生活中受到了某些挫折，就会很慌张，着急上火，一个劲说，"怎么办？怎么办？"不知道怎样从容对待。又或者出了问题从不在自己身上找原因，往往把责任往丈夫的身上推，埋怨丈夫没有计划好、没有安排好、不会为人、不会处事、没有本事等。一个真正自信的女人，应该敢作敢当、敢于承担责任，而不是遇到事情就六神无主，并且无端推卸责任。

很多时候，这类女人平时心高气傲，遇事就慌张，不是不负责任，而是自己付不起责任，不仅对自己不自信，而且对丈夫也有一种很强的依赖感。自己无能还要责怪丈夫，于情于理很难讲通，时间长了，必将损害夫妻情感。

例三，经常对丈夫进行"审讯"。有些女人由于过分地害怕老公在外面沾花惹草，对老公总是不分青红皂白地严加盘查。经常"审讯"的情况有两种，一种是金钱上，银行卡上一下子少了一部分钱，而自己又不知道是怎么回事，往往这种情况因为丈夫一时忙忘了解释，又或者正要解释；另一种是没有告知的晚回，丈夫一旦晚上回来的晚一点，女人就要质问："究竟去哪里了？"言外之意，丈夫肯定去了什么不该去的地方、干了什么见不得人的事情了。

不用细说，因为对自己没有信心，因而对丈夫多了一些怀疑，这样夫妻间的默契和温情渐渐失去，有时候会导致剑拔弩张的气氛。

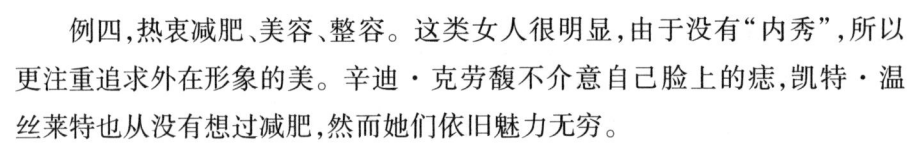

例四,热衷减肥、美容、整容。这类女人很明显,由于没有"内秀",所以更注重追求外在形象的美。辛迪·克劳馥不介意自己脸上的痣,凯特·温丝莱特也从没有想过减肥,然而她们依旧魅力无穷。

当然这些例子还有很多,真正自信的女人,家庭、事业、交际,都可以一帆风顺,偶尔出现的挫折打击,总能被她们轻巧化去,一举手、一投足间,便可使事态朝着她们所希望的有利方向转变。

当有男人恭维她时,女人会说"谢谢",而不会去阻止他的赞美。女人也不会询问男人的行踪,更不会去询问他前任女友的信息,也不会跟其他女人争风吃醋。这样的女人反而更让男人着迷。

经营智慧,比经营美貌更重要

这个世界上,无论有着卓越成就与名声的女人、过着开心而幸福生活的女人,或是感觉充实而自信的女人,她们不一定拥有出众的外貌,但她们都拥有着一种别样的财富,那就是"智慧"。

都说人生就是一个个困难选择的过程。以后的人生旅途,很大程度上就是我们早期选择的结果。所以,在大千世界上,面对纷繁复杂的一切时,要学会智慧地选择。当然,这里所谓的智慧,并不是指普通意义上的对与错,而应该含有更深的意义。

这种更深的层次表现为:当前的选择对于整个人生方向来讲,是正确的还是错误的?这项选择对以后的选择是助力还是阻碍?这项选择会不会对别人造成不好的影响?……

有句俗话这么说:"女人是水做的。"仿佛女人生来就是爱哭爱笑、脆弱、透明的代名词。可是还有一句常听见的赞美话又这么说:"她简直就是美貌与智慧的化身。"可见,女人在这个世间,并非只是靠容颜活着。

女人,一旦拥有了智慧,就不会只注重外表那些虚无又易失去的东西。她们会不断地提升自己的修养,开动自己的大脑,修炼自己的内心,从而拥有一种静若幽兰、芳香四溢的气质。而这种气质,除了给女人带来尊重、光泽、幸福与开心外,还会一辈子都跟着女人。所以,现代社会流行这样一句话:"美貌女人笑在最初,智慧女人笑在最后。"这在很多的实例中都可以看出。

2005年4月,英国王储查尔斯终于拉着和他相恋了三十余年的老情人卡米拉的手,走进了婚姻的殿堂。而此时,查尔斯的原配妻子戴安娜已长眠于英格兰庄园的地下很多年了。

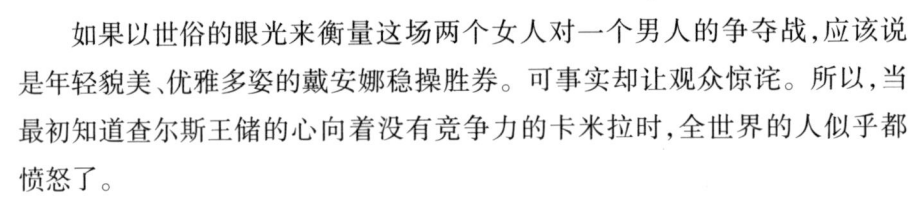

如果以世俗的眼光来衡量这场两个女人对一个男人的争夺战,应该说是年轻貌美、优雅多姿的戴安娜稳操胜券。可事实却让观众惊诧。所以,当最初知道查尔斯王储的心向着没有竞争力的卡米拉时,全世界的人似乎都愤怒了。

世人只能充当看客,见表象而不见本质。众人眼中的戴安娜美貌、时尚,堪称是完美的化身。但实际上的她,对深刻的思想和文艺作品缺少理解力,而这对于身处复杂的皇宫重地的女子来讲是个致命的弱点,缺乏了它就让戴安娜在婚姻中与丈夫的距离。

而外貌平平的卡米拉却是个聪慧的女子,她内心世界比戴安娜更富有层次。至少她知道怎么打开王储的心扉,怎样牢牢地抓住王储,甚至她还知道怎样与另一个女人打持久战,等到把对方作为优势的青春美貌耗尽,再展现出自己智慧的光芒这个优势。

因此,当查尔斯那天在亿万人民关注的目光中,从车上扶下他满面皱纹又步履迟缓的新娘时,全世界的观众都,更多的男人女人或许更多了一层关于战争的感受:对于争取幸福的女人来说,与对手之间的战争是综合了美貌与智慧的较量。

美貌虽然使得戴安娜取得了第一阶段胜利,但最后的赢家却是卡米拉。而戴安娜所谓的阶段胜利也只是过眼烟云,根本没有实际存活的意义。她只是生前吸引了全世界的目光,死后引得万众垂泪。但作为战争胜负决定者的王储,他的心永远偏向于相对来讲平凡的卡米拉。所以,战争最后的结果一个香消玉殒,一个却幸福地看到自己的情人走到身边,在生命的暮年里,两人携手同行。

因此,没有人敢说戴安娜在这场战争中是胜利者。这也告诉了世界上可爱的女人们一个深刻的道理:美貌女人笑在最初,智慧女人笑在最后。要想一生都笑得甜蜜,就做个美貌与智慧并存的女子好了。

而在这个纷繁复杂需要不断做决定、做选择的世界上,要做一个美貌与智慧并存的女子,就必须要有选择的智慧:要明白什么对于自己的发展有益,什么才是目光长远女人的做法,什么才是女人一生该有的经营。

微笑的女人最美丽

我们都知道,一个经常微笑的女人,是容易亲近的人,她的笑容可以感染别人,让氛围和缓愉快起来。古龙曾说过,第一厉害的武器,不是剑,而是笑,因为笑能征服人心。所以每个女人都有自己独特的武器——微笑。

我国文化博大精深,形容笑的词语繁多,而且别韵美感。比如《诗经》里有一句话叫"巧笑倩兮,美目盼兮",再比如"芙蓉泣露香兰笑","回眸一笑百媚生","语笑嫣然","拈花微笑","宛然一笑"等等。但你会发现一个共同点,这些精美的词,多描绘的是女人的笑带来的美,因为只有女人的笑容才具有这样的魅力,才会令一些人"一掷千金,为博红颜一笑",女性的微笑是最锐利的武器,有着让男人无法抵挡的杀伤力。

微笑以它温柔的方式化解人生中的各种坚冰和不快,所以有些时候,当你面对问题、纠纷时,"不需要枪,不需要炮,只要你笑一笑"。

正如古龙曾说过,第一种武器,不是剑,而是笑,因为笑能征服人心。

那么女人应该怎样恰当地运用微笑这个极具杀伤力的武器呢?

1. 不需要刻意装出微笑。

微笑并不是一件可以随时随地做的事情,如果做得不好,"皮笑肉不笑"反而会使人觉得不适,觉得虚假。微笑的要求是真诚、适度、合时宜。想要笑得好其实很容易,只要你是发自内心的,就可以自然大方、亲切地微笑。请记住,内心深处的微笑才能制造明朗而富有人情味的气氛。

所以女人要记住,不要刻意伪装微笑,没有笑容的时候就不要牵强地笑。没有人喜欢戴着假面具做作的女人。

2. 不要吝啬,经常保持微笑。

微笑是一种不花钱就能获得的魅力。名模辛迪·克劳馥曾说："微笑是女人最好的化妆品。"

时常微笑的女人，会友好地对待任何一个人，微笑写在脸上，心境也写在脸上。面对不同的场合、不同的情况，如果能用微笑来接纳对方，不仅可以反映出你良好的修养和诚挚的胸怀，而且这种诚挚的感受会让你获得比自己想像中还要多得多的美好情感。

所以，从现在开始，学会微笑，以微笑来面对你身边的人。每天出门的时候，微笑着对你的家人说再见；遇上陌生人，友善地微笑；请给帮助你的人一个衷心感激的微笑；请给那些不幸的人一个鼓励的微笑；请给下班归来的丈夫，放学回来的孩子一个温暖的微笑。

3. 把微笑当成一种交流沟通。

一个人要想得到别人的认可、尊敬和喜爱，要付出很多的努力，可微笑却会让这一切变得简单，全世界的人都知道微笑是最好的沟通方式。微笑无形中有效地缩短了与对方的距离，它就像是一剂镇静剂，能使暴怒的人瞬间平静下来，能使惊慌失措、紧张不安的人立刻松弛下来，能在瞬间瓦解对方的防备，给对方留下美好的心灵感受。

微笑能传达出许多言语无法传达的信号，比如肯定、鼓励、关心、爱慕、支持等等，无声胜有声，它是人和人之间交往的润滑剂。

此外，微笑是女人自信的流露。喜欢微笑的女人，大都是自信的女人。男人都喜欢和自信的女人相处，自信的女人有更宽广的生活，能带给男人更愉快的生活体验。所以女人要学习微笑，特别是那些发自肺腑的自信微笑。面对一个微笑着的女性，所有人自然就会放松心灵靠近她。

当然，微笑是离不开牙齿的。在古代，女子要以"笑不露齿"为美，在现代，这一标准早已被颠覆了。如果你有着雪白整齐的牙齿，那么在笑的时候不妨张开双唇，露出前面的6颗小贝齿来，那样更自然、更真实。

笑是一朵绽放的鲜花，也是女人最美丽的表情，她使美丽的女人更添魅力，也是对付男人最有力的武器。一张灿烂的女人笑脸，不但点亮了整个天空，也照耀了女人的整个世界。所以，女人不妨让别人多享受一下你迷人的笑容。

从容淡定的女人更有魅力

从容淡定是一种气质,是一种心态,是一种懂得该执着的时候执着,该放弃的时候放弃的睿智,女人的从容淡定是一种无言的美。

世上有很多这样的女人,她们说话不多,然而只要开口就是轻言细语;很少看到她们手忙脚乱的时候,什么时候她们总是那么从容不迫;很少看到她们激情澎湃,也少有歇斯底里的时候。或许这些女人看起来很简单,也很平凡,然而她们身上这种从容和淡定却是少有的,她们总是让人们想起"落花无言,人淡如菊"。

从容淡定的女人,从不会和别人争风头,然而别人却不会因为她的淡定而忽视过她的存在,她甚至也不会被人视为"绿叶",因为这样的女人给人灵性的清净,她对人生、对社会的宽容和不苛求,得到的是自己内心的宁静和有条不紊。

从容淡定的女人,是成熟理性的女人。尽管她对工作和事业也非常努力着,但她不会过分执着,更不会忘乎所以成为工作狂,她更懂得享受生活。她心里很清楚自己想要的是什么,所以不会随波逐流,她不会轻易为日常琐事而烦躁、为生活的压力而焦虑,很多时候她总是微笑着面对困难和挫折。从容淡定的女人总能够采取最恰当的方式处理和身边人的关系:当男人偶尔失意的时候,她们采取的不是去苛责求全,而是将男人的头揽入自己的怀中,轻声告诉他,"没关系,你还有机会";当孩子成绩不及格,黯然伤心落泪时,收好自己的失望,拍拍他的小肩膀,"妈妈知道,这不全是你的错,以后要注意"……不知不觉中女人已经能够成为家人愿意停靠的港湾。

从容淡定的女人,也是感性的女人。她的心中充满了爱,并将它毫不保留地寄予在她生活中的点点滴滴。一方面她总是能把平淡的日子赋予"诗情画意",使之充满情调,让本来琐碎的生活远离枯燥、无味,从而变得温馨宜人。所以你会发现,无论是整体布局还是细枝末节,感性的她总把自己的住房布置得温馨别致,很有"家"的味道。另一方面她的感性还表现在与生俱来的善良:她不止一次收留流浪的小动物、给马路边的乞丐放下一些钱;当获知别人的不幸时,她会情动泪下,伸出援助之手……

　　从容淡定的女人,是简单随性的女人。她也是凡人,也会有世事的牵累、终日的忙碌,然而她总能"忙里偷闲得几回",她活得简单、率真、坦荡,毫不做作。她一般不会佩戴繁杂让人眼花的配饰,但或许她偶尔来了兴致也会自己做些小玩意来戴;或许有一天心血来潮她大喊,"我要减肥",其实她不会刻意节食,当某个人为她带来一份美味的冰激凌时她自然不会拒绝;她对待朋友也是顺其自然,闺蜜来了,她会放下手中的事情,和她们"勾肩搭背"去逛街。

　　从容淡定的女人,像静静的秋叶,像缓缓的溪流,像淡淡的茶香,给人以宁静安详、宠辱不惊之感。她并没有刻意营造人际关系,却总是使自己处于和谐的氛围之中。然而她这种从容淡定,不是所有女人都学得来的,这是人生的一种高度,一种层次,一种境界。

　　毫无疑问,从容淡定的女人,是美丽的女人,是有品位的女人,是魅力女人。或许她们已不再年轻,颜面已经依稀留下岁月的痕迹,或许青丝染成白发,或许病痛可能已经在折磨着她们的健康,又或许世态炎凉已把她们年轻时的梦打碎,然而她们永远不会灰心,总是保持着心底的那份淡定从容,她们仍会以矫健的步伐勇往直前,把欢乐和笑声传递给他人。毫无疑问,她们是生活中的强者,也是智者。

诙谐的女人畅快,幽默的女人可爱

幽默可以化解人们生活中、事业中的种种困难,丢掉痛苦、失意和烦恼等坏心情。从某种意义上说,幽默是化解人类矛盾的调和剂,是活跃和丰富人类生活的兴奋剂,是一种高雅的精神活动和绝美的行为方式。女人学会幽默将对人的一生具有重大意义,幽默的女人也是最有魅力的女人。

有位名人曾说过,幽默来自智慧,恶语来自无能。可见幽默是一个人智慧,机灵,学识,风趣的综合表现。它也是积极乐观的人生态度,反映了一个人在待人接物中内在的精神自由。

据说苏格拉底的妻子是个脾气十分暴躁,而且心胸狭窄,性格冥顽不化,喜欢唠叨不休,动辄就破口大骂的女人,常使著名的哲学家苏格拉底困窘不堪。

有一次,别人问苏格拉底:"你为什么要娶这么个女人?"

他回答说:"擅长马术的人总要挑烈马骑,骑惯了烈马,驾驭其他的马就不在话下。我如果能忍受得了这样女人的话,恐怕天下就再也没有难于相处的人了。"

有一次,苏格拉底正在和学生们讨论学术问题,就在互相争论的时候,他的妻子气冲冲地跑进来,把苏格拉底大骂了一顿之后,又出外提来一桶水,猛地泼到苏格拉底身上。在场的学生们都以为苏格拉底会怒斥妻子一顿,哪知苏格拉底摸了摸浑身湿透的衣服,风趣地说:"我知道,打雷以后,必定会下大雨的。"

苏格拉底在学生面前被老婆欺负,本应该是一件很丢脸的事情,但是他没有暴跳如雷,反而能够很大度地以一个幽默化解尴尬,显示他智者的不同之处。生活中难免会遇到令人烦恼、尴尬的事,生气、发脾气无济于事,不如用幽默的方式去化解,因为幽默表达的是善良的意愿,也不会伤害人。幽默可以让你更理性地处理问题,化解烦恼、痛苦、忧虑、紧张等负面因素,让你和周围的同事、朋友之间建立和谐的关系。

幽默作为一种艺术,在人们的生活中起着重要的作用,细心的你会发现,生活中处处充满幽默。

晚饭的时间到了,一位老妇人在一家饭店里点好了菜,可是等了很长时间也不见有人把饭菜端上来。

老人起初没有着急,心想:"我再等一会儿,饭菜就会端上来了。"就这样又过了大约半小时,老人终于忍不住了。她对服务员说道:"请给我拿一张纸和一支笔来。"

服务员迟疑了一下,问道:"您要纸笔干什么?"

老人非常严肃地回答:"今天我是无法吃到那份我点的晚餐了。既然如此,我想立下遗嘱,把它给我的继承人享用。"

服务员听了后十分惭愧,连忙对老人说:"对不起,我马上再去催催。"

老妇人用非常幽默的方式提醒了服务员,相反,如果老妇人大吵大嚷,不仅会和服务员闹得很尴尬,还容易气坏了自己的身体。所以说与其大吵大闹破坏自己的好心情,倒不如和和气气地表达自己的意思。

幽默不仅可以化解矛盾,还是人们消减痛苦的一种方法。当你感到痛苦的时候,用幽默的方式去理解痛苦,你会得到更多正面的解释,更容易了解痛苦的合理性,从而降低痛苦对你的负面影响。俗话说"笑一笑,十年少",幽默很容易为人们增加更多的乐趣。

美国凤凰城的著名演说家罗伯特在70岁生日时,有很多朋友来看望他,其中有人劝他戴上帽子,因为他的头已经秃了。罗伯特风趣地回答说:"你不知道秃顶有多好,我是第一个知道下雨的人!"

像罗伯特一样,具有幽默感的人,都是能够给别人带来欢笑的人,他们并没有因为自己的窘态而郁闷,反而有着自嘲的勇气。

幽默可以轻易让别人发笑,同时也会给自己带来很大快感。幽默也是一种个性的表现,能反映出你的开朗、自信和你的智慧,从某种意义上讲幽默是个人竞争优势的一种手段,他能增加自己的个人魅力。幽默对人际交往大有好处,它会使人显得更容易接触。别人和你接触很快乐,不会觉得和你有距离感,同时幽默可以化解人际矛盾。

人们的生活中总是会遇到各种各样的小麻烦,即使是天资聪明的人也难以保证不出现窘态。所以女人在做出尴尬之事后,不必羞赧不堪或躲避众人的耳目,试着用幽默化解。幽默就是这样神奇,它可以让不愉快的事情化小。以轻松的态度对待麻烦,共享快乐,在享受快乐生活的比较之下,麻烦也将变得不那么重要了。

当你自如运用幽默时,自己也就不知不觉中成为焦点,生活中也就更多了些情趣。

女人"自恋"不是错

人们有的时候能够原谅敌人,却不能原谅自己,能够接受别人,却不能正视自己。一个不懂得欣赏自己的女人,表现最明显的便是超乎寻常地挑剔自我,甚至是产生自卑感。可以肯定地说,这样的女人是不幸福的。女人要悦纳自己,适度地孤芳自赏,要知道这样的"自恋"不是错,这样才是快乐的起点。

仔细观察周围,女人会发现,有的人开开心心,日子过得快活有趣,有的人却郁郁寡欢,日子沉重烦闷。而造成生活如此不同的原因,或许是有的女人埋怨自己不是名门出身,又或许是她们中的某些人苦恼过自己命运中的波折,还也许曾叹惋过自己人生中的坎坷。可是扪心自问,女人到底有没有真正正视过自己?其实,对于一个生活的强者而言,波折和坎坷只是生活中的插曲,女人又何必为此而斤斤计较!只要自己拥有信心,任何人都会获得力量。

一位叫亨利的青年,在他三十岁生日那天站在河边发呆,他不知道自己是否还有活下去的必要。因为亨利从小在收容院里长大,身材矮小,长相也不漂亮,说话又带着浓厚的法国乡下口音,所以他一直很瞧不起自己,认为自己是一个又丑又笨的乡巴佬,连最普通的工作都不敢去应聘。

就在亨利徘徊于生死之间的时候,与他一起在收容院长大的好朋友约翰兴冲冲地跑来对他说:"亨利,告诉你一个好消息!我刚刚从收音机里听到一则消息,拿破仑曾经丢失一个孙子。播音员描述的相貌特征,与你丝毫不差!"

"真的吗?我竟然是拿破仑的孙子?"亨利一下子精神大振。联想到爷爷曾经以矮小的身材指挥着千军万马,用带着泥土芳香的法语发出威严的命令,他顿感自己矮小的身材同样充满力量,讲话时的法国乡下口音也带着几分高贵和威严。

第二天一大早,亨利便满怀自信地来到一家大公司应聘。

几十年后,已成为这家大公司总裁的亨利,查证出自己并非拿破仑的孙子,但这早已不重要了。

在一次知名企业家的讲座上,曾有人向亨利提出一个问题:"作为一名成功人士,您认为,在成功的诸多前提中,最重要的是什么?"

亨利没有直接回答他的问题,而是讲了这个故事。

金无足赤,人无完人。世界上没有完美的事物,人也是一样,所以人们不必对自己没有的东西斤斤计较,而应该去欣赏自己已经拥有的。这是一种适度地原谅自己,不把自己往绝路上逼,自己不为难自己。

有这样一句格言:不是因为有些事情难以做到,我们才失去自信;而是因为我们失去了自信,有些事情才显得难以做到。世间的事何尝不是如此,如果你认定自己是一块不起眼的陋石,那么你可能永远只是一块陋石。而如果你坚信自己是一块无价的宝石,那么你有可能变成一块宝石。

虽然亨利的成功,在一开始是一个玩笑,但这个玩笑却给了他一个孤芳自赏的机会,充满自信的理由。亨利接纳自己,欣赏自己,将所有的自卑全都抛到九霄云外。这就是他成功最重要的前提!事实上,适当程度的自我"欣赏",对每一个人来说,都是很明智的选择。为了生活,为了事业,人们不妨孤芳自赏。

悦纳自己,善待自己,活出积极、健康的生活。

在生活中人们可以羡慕别人,但不能失去自我,并将一切都用别人的标准来衡量自己。生活不是童话,不是你羡慕李嘉诚的富有,你就一定能够变成第二个李嘉诚。每个人都是不同的,这个特点注定了每个人的人生都将是千差万别的。习惯拿别人的标准来衡量自己,进而对自己提出各种苛刻的要求,这样人们会更加怨恨自己的缺点,忽视自己的优势,心中只有沮丧和自我厌恶。

悦纳自己,不是让人们自命不凡,而是要有一定的自信,有自信的人才能够战胜别人刻薄的眼光、才能正视自己的不足,才能够拥有远大的目标。适当的孤芳自赏是生活的一种智慧和胸怀。俗话说"自信是成功的一半"。

而自我欣赏也是为了让人们能够为自己寻找些自信。亨利不就是因为找到了自信，才启动了他聪明才智的马达吗！

　　学会自我欣赏，可以让人们抵抗世俗观念的伤害。古代就有"楚王好细腰，宫中多饿死"的传说，而今天为了减肥而节食的女孩们，是不是应该适可而止了呢？女人不能因为有些人提倡"骨感"，自己就失去方向也开始减肥，即使是违背了健康的标准，也要符合时下的潮流。女人要有坚定和持久的信念，不要被身外的世界的压力折磨自己。

　　悦纳自己，适度地孤芳自赏激励人们奋发进取，是战胜自己、告别自卑、摆脱烦恼的一种灵丹妙药。它让人们用高昂的斗志、充沛的干劲迎接生活中的各种挑战。人们要学会自己给自己鼓掌，自己给自己加油，时刻铭记天生我材必有用。

优越在身,自信在心

海伦·凯勒曾说"信心是命运的主宰",罗曼·罗兰也说"先相信自己,然后别人才会相信你"。从中,我们可以看出自信的巨大作用:凯勒因为拥有了它,才让自己坚强地过着充实的生活,创作了大量美丽的文字留在世界上;平凡之人因为拥有了它,才让自己得到了别人的信任,从而进行着人与人之间的交际生活。

女人,天生就被放在了弱者的位置。但随着社会的发展,男人们的价值观也在发生变化,他们心目中的优秀女人、好女人的标准已经不再是那些思想简单,毫无德才的"花瓶"。因此,"自信的女人最美丽"这句话已经被越来越多的人接受并成为定律。因为,女人有了自信,才会有自己独立的思想,才有正确的人生观,才有举手投足间令人折服的气质,才有优雅的举止,才会让人不知不觉之间被吸引乃至征服。

某公司同一个办公室里,有两个女生A与B。她们差不多都是1.55米的身高,但是因为心态的不同却让人对她们产生了不同的身高感觉。A因为不够自信,总觉得自己身高不如别人,所以酷爱穿高到令人担忧的高跟鞋。同事们经常能看到可怜的她被折磨得畸形的脚上经常贴着创可贴。平时,她买衣服,更是永远把是不是能显得像1.6米那样放在第一位,甚至连在选择闺密的问题上,她都只选择那些身高1.6米以下的姐妹,怕个子太高了对自己会有压力。而另外一位同事B却性格活泼,自信满满。平时上下班向来百无禁忌,不仅穿平底鞋,着衣袂飘飘的复杂衣饰,还不介意与高个子女孩一起逛街,甚至经常自诩自己的小巧玲珑是惹人怜爱。于是错觉出现了,慢慢地大家居然认为A的个子的确很矮,而B的身高属于正常范围。

这就是自信的魅力。自信的人除了自己活得很坦荡很开心外,还可以感染周围人的情绪。而缺乏自信的人往往受自己所累。她们拼命地想掩饰自己的缺陷，殊不知越是掩饰越会暴露。因为人是具有强烈好奇心的动物，在看见遮遮掩掩事物的时候，总是喜欢怀着猎奇的心理去进一步打探。这样，自信的女孩子就有了巨大的优势：她大大咧咧将自己暴露在别人面前，别人能看见的东西太多，当然无暇将注意力集中在她那些缺陷上。因此，她会越来越活得自信，越来越得到大家的认可。

台湾著名主持人小S徐熙娣就是这种人。说实话，外表上来说她并不能称得上漂亮，但是她很真实，很自信，这无疑给她的主持贴上了强烈的个性风格，从而让她一路红下去，成为台湾女主持的代表人物。

还在16岁的时候，徐熙娣在华冈艺校就学期间，就已经和姐姐徐熙媛出版了首张唱片《占领年轻》。那个时候的她按她自己的话说"完完全全就是一个丑小鸭"。和漂亮的姐姐站在一起，她虽然显得有些不堪入目，但并不见她扭捏造作，而是一直秉持着"天生我材必有用"的精神自信满满地组合"SOS"（Sisters of Shu；徐氏姊妹），后来又与姐姐徐熙媛携手转战台湾主持界，接下了当时台湾电视圈新兴的影剧新闻节目，主持八大综合台娱乐新闻节目《娱乐百分百》。

按照一般主持人选择的潜规则，对女主持一般都在外貌上有很高的要求，不说闭月羞花，至少要看得过眼，观众看了会有愉悦的享受（毕竟娱乐节目的目的是为了愉悦观众）。但小S的五官真的只能用"不吓人"来形容，可是她凭借着自己的自信，凭借着自己的能力，硬是在《娱乐百分百》节目中，将她无厘头的主持风格彰显出与众不同，受到许多年轻观众的喜爱。

根据人爱美的本性，观众向来对于主持人十分挑剔，特别是口味更挑剔的台湾观众。但小S能在如此严峻的演艺圈发展下去，和众多美女站在一处自信满满，这也是她最为得分的地方。刚开始，她和姐姐徐熙媛在《我猜我猜我猜猜猜》这档刚刚诞生的节目里，跟在大牌主持人吴宗宪的身边充当一个并不好看的花瓶。那个时候的小S，最多的表现就是在节目上扮扮鬼脸，然后充当一下吴宗宪的现场调笑对象。这对于任何一个女孩子来讲，都是超级需要自信的事情。因为没有对自己相当的自信，不敢在节目中扮丑，不敢被人取笑。

所以，随着节目的不断成长，小S的本色主持风格越来越显示出她的自信,而让她逐渐走红。有时候,她的那种本色还到了夸张的地步。一次《康熙来了》访问歌手孙燕姿,蔡康永本来是想让小S摆一个性感的造型,小S却突然说"好想放屁"。然后就真的退到一边自己"解决"了这个问题。当然,这一举动让在场的所有人包括来宾孙燕姿都吓了一跳,可向来本色的小S却满不在乎地说:"人人都要吃喝拉撒,这有什么。"然后继续进行节目。

这对于一般人来讲,是不可能做到的一件事情。人人都喜欢展现魅力高雅的自己,不愿意给人留下不雅的印象。但在小S的眼里,没有什么是不能说的。人就是人,吃就是吃,睡就是睡。所以小S这一独特的主持风格反倒成为了《康熙来了》的制胜法宝之一。她原本就口齿伶俐、能掌控大局,又能巧妙地将无厘头搞笑耍宝发扬光大,有些言语更是能博得非常高的"出镜率"。这也是小S率真性格、自信的体现,更是她广受粉丝追捧的根本原因。

甚至,她的自信还表现在坦荡方面。她敢写《小S牙套日记》、《小S之怀孕日记》这些别人唯恐避之不及的话题,将一个真实的自我展现在观众面前。顺便,也展现了她那种令人佩服的自信,让人见识到了自信女人的魅力。

小S虽然没有姐姐那么美丽的脸蛋,但她用智慧、用自信行走在美女如云的娱乐圈中,高调亮相在各种场合的红地毯上,用她的自信魅力折服了所有的人。因此,即使没有漂亮脸蛋,即使已经当了妈妈,她依然那么红。

所以,做女人,最重要的是要拥有一份自信,一份从头到脚的自信。当然,这份自信不是空的,它来自于什么?来自于对自我的深刻剖析,对自我能力的了解开发,以及自我能力的锻炼、自我价值的实现。

朝气是年轻女性战无不胜的武器

有朝气的女人,即使相貌平凡也会让人容易接近。而且朝气不一定是年轻女孩才有的,保持年轻心态的女人永远是迷人的魅力女人。

现代社会中的女人,保持一颗充满朝气的心很不容易。

女人一生中需要扮演着不同的角色:女儿,妻子,母亲,媳妇……每个角色对应不同的责任和义务,而且每一种角色都要很投入。

恋爱、结婚、生育,抚养孩子,琐碎的家务等等,导致女人最初的朝气蓬勃和年轻活力在不知不觉的磨损中越来越少。尤其是女人的情绪和精神状态,很容易被工作上遇到的不顺或家庭中的不快所影响。女人如果长期处于过大的压力状态下,朝气和活力不在,就会容易成为"黄脸婆",看起来就会比实际年龄老得多。

女人应该保持年轻心态,充满朝气。那么,女人如何调理心态呢?

第一,和自己说"无所谓"。

女人一生中难免遇到很多不开心的事,一旦遇到或想起时,女人要学会做自己情绪的主人,对自己说"无所谓",不让这些反复纠结自己,这样才会让自己看起来很潇洒。要知道所谓的烦恼也始终是自己带给自己的,只要卸下去,轻松感就会油然而生。女人要记住哦,"笑一笑,十年少;愁一愁,白了头"。

第二,敞开心扉,排解心中的"垃圾"。

很多女人习惯一个人承受,承受不公、不如意、不愉快,结果呢,如今患忧郁症的女人越来越多。女人要敢于把自己不愉快的事向知心朋友或亲人诉说,将积聚多时的"垃圾"以适当方式发泄出来,以减轻心理压力。而且经亲朋好友劝告和开导,女人还会得到力量和帮助,这样,苦闷的情绪会慢慢消失,就不再是满面愁容,而变得豁达、轻松。

第三,多做健身运动。

很多女人比较懒,喜静不喜动,对运动健身提不起兴趣,然而运动能让女人受益匪浅。女人在运动中,一可健身,提高身体素质,二可缓解释放紧张的情绪,获得精神愉悦。

众所周知,潘迎紫、赵雅芝、张曼玉、周慧敏都是越老越美的女人,而在她们身上也可看出保持年轻的共通之处,那就是她们都喜欢运动。潘迎紫一周至少有3天坚持做运动,每次2个小时;赵雅芝则喜欢骑马。

所以,女人想要充满朝气和活力,就要经常参加如散步、打太极拳、瑜珈、普拉提、健身操等运动。

第四,修身养性。

女人空闲之余,可以自寻乐趣,培养多种爱好,以此修身养性。

最简单不过的就是欣赏一下优美动听的音乐,或者安静地看一本书,以使紧张和苦闷随之消除。女人最好的选择就是培养某种兴趣和爱好,比如练习书法,某种乐器、瑜珈、拉丁舞等,还有就是学习某种技能,比如自考公共营养师,学会某种新的编织手法等。这既是一种乐趣,充实了生活,还可以提高修养,让女人永远处于上进状态,因而时刻充满朝气。

第五,保养身体。

年轻的女人是娇艳的花朵,即便不再年轻的女人却不一定成为残花败柳。一个女人不可能一辈子年轻,却能够通过自身的努力,使自己一辈子充满青春的活力,永远吸引别人艳羡的目光。因而,身为女人,要懂得保养自己的皮肤,爱惜自己的身体。无论年龄多少,都不要忽视对美的追求,对身体的爱护,这样才是给人靓丽、活力感的精致女人。

张爱玲晚年时手头不太宽裕,而且她不喜与人交往,过着一种"大隐隐于市"的与世隔离生活。然而即使已经70多岁的张爱玲,仍旧一副年轻时的样子,也不忘爱美,不忘打扮,不忘保养肌肤。

她一个人在家时经常自在逍遥地吃西餐,或看侦探小说,逛百货公司之余还不忘买一盒最新上市的眼部保养品回家尝试,而且她酷爱配隐形眼镜和假发。据说,1993年张爱玲还做了一次整容手术。

总之,身为女人,要保持朝气、活力,要有一颗年轻的心,要享受家庭生活,更要跳出家庭生活。女人要活得潇洒,活得充实,卸去疲惫之心,呼吸新鲜的空气,多看看外面精彩的世界。这样,无论世界风云如何变换,你都会是一位成熟而又精致,充满活力的年轻女人。

做女人一样可以很潇洒

女人是感性的,容易为情所困,为爱所累,束缚的人生是不幸福的。其实女人也可以活得很潇洒。潇洒的女人永远与众不同,总会把别人的目光吸引到自己身上,而且她活得轻松畅快。

潇洒是一种习惯,是一种性格,潇洒不是男人独有的,女人也可以。潇洒的女人对待感情或其他,拿得起、放得下,投入的时候义无反顾,撤出的时候也不拖泥带水,这样的魅力女人总会给人欣喜,或许她并没有刻意特立独行,然而还是与众不同。

潇洒也不是一朝一夕养成的,潇洒需要一些其他美好的品质相辅。

潇洒女人,首先是智慧女人。潇洒女人无论在家庭还是工作中,都能很好地认清自己的位置,也清楚担当的角色,这是智慧的表现。在家中,女人是妻子,是母亲,所以女人能营造温馨浪漫,相夫教子,让家因她而更和谐。在岗位上女人紧张忙碌而又有序地工作,偶尔和同事开个玩笑,调节一下气氛,总会使自己处于和谐的人际关系中。空闲之余,女人也不忘品一下手边的茗茶,浏览一下当天的报纸、杂志。这样的生活幸福充实而丰富多彩,这就是女人的潇洒。

潇洒女人,还是自信、有主见的女人。她即使貌不惊人,也会让人对她留下印象。她不会盲目听信广告,去减肥,去购物,她做事总是经过自己的判断,然后按照自己的计划去做。遇到突发事件也不会惶恐不安,相信自己有能力去面对。

潇洒女人,还是豁达、宽容的女人。她不会因为某些人,某些事,纠结于心,辗转反复,因为潇洒的女人明白,为不值得的人,做不值得的事,是不值得的。所以，潇洒的女人不会斤斤计较，也不会经常抱怨，更不会轻易与人结怨，所以对人宽容，给人一副豁达的样子。

如果一个女人拥有智慧、自信、有主见，而且豁达、宽容，那么这样的女人必定潇洒，她也必定是快乐的女人。这样潇洒的女人，不会让自己陷入困境之中，或者化险为夷，或者让事情顺着自己希望的方向发展。

雪晴发现丈夫有外遇了，可她仍然爱他，不想和他分手，她在等他回心转意。雪晴不相信自己数年的婚姻会被个第三者插足给破坏了。可是夫妻之间已经冷战了半年，最近丈夫连家都不回了。

雪晴见到了那个第三者，感觉除了比自己年纪小几岁外，没有比自己更优越的地方。她就不相信这么个不熟的毛丫头会把自己的丈夫抢走。可是久不见面的丈夫突然给她电话，说已经把离婚协议写好了，等她签字呢。别人都以为雪晴一定受不了这个打击，会痛哭流涕求丈夫别离开她，因为雪晴一直很爱他。

可令朋友们吃惊的是雪晴回电话约丈夫去饭店。在去饭店前她先去了美容店，她把自己打扮得容光焕发，美丽飘逸。雪晴叫了一桌自己最爱吃的菜，她大口大口地吃菜，和丈夫碰杯喝红酒。吃饱后她掏钱买单，然后一边用餐巾纸擦嘴，一边让他把离婚协议拿出来，她签上名字把协议扔给他，然后头也不回地扭摆着小蛮腰大步走出饭店。这期间，雪晴没有一句多余的话。她的丈夫目瞪口呆，神色复杂地目送她的背影直到消失。

最后她丈夫反悔了，没有和雪晴离婚，他丈夫说在雪晴走出饭店的时候，他看着雪晴"挥一挥衣袖不带走一片云彩"的潇洒身影，突然觉得她很有魅力，好有气质，他感觉自己其实仍然在爱着她，妻子比那个第三者真是强多了。他撕毁了离婚协议，跪着求妻子原谅他，最终雪晴原谅了他，和好了。

不难看出，雪晴是个潇洒的女人，在感情上拿得起、放得下，她并非不爱自己的丈夫，只是她明白如果夫妻缘分已尽，不如放爱人一条生路。虽然丈夫的背叛让自己很痛苦，既然今天已经发展到无法挽回的地步，那么自己苦苦挽留也不会起到什么效果。女人或许相信自己离开照样可以很好地生活，所以，既然分手，不如找回点女人的自信，让背叛自己的丈夫也惊叹一次你的骄傲，给他留下你自信、潇洒的背影。

所有女人都应该明白,在这个世界上谁离开了谁都能活下去,女人还要明白,除了感情,世上有太多值得追求的东西,这样才会活得潇洒。

所以潇洒女人懂得恰到好处地享受,比如偶尔计划一下出行,自己学着做一些家常菜,学习某样很热衷的乐器,自己设计一下屋内的装潢等。当然,平时还要舍得为自己付出,买回自己心仪的衣服、鞋子等。此外,潇洒的女人懂得享受生活,所以偶尔会制造神秘感、浪漫情调,让身边的人欣喜不已。

女人,多爱自己一点,豁达一些,看开一些,不要计较太多,做个潇洒女人!

女人需要展现性感的一面

女人有万种风情,性感是其中一种。其实每个女人都有自己的性感之处,女人要适时展现自己性感的一面。

性感,并不是什么新鲜词汇。不同的人对性感有不同的标准,不过有一点是大家普遍认同的,即性感是一种"女人味儿",它能够引起异性的欣赏欲望、某种冲动,以及美好遐想。

只要提到性感,很多人脑海中马上会浮现比基尼女郎或人体艺术里一丝不挂的女模特,因此很多女人羞于说性感,虽然明知道男人们对于女人的性感津津乐道,也只能在心里渴望自己有朝一日变成性感美女,却不敢大张旗鼓地高呼,"我也要性感!"在她们的传统观念里,性感并不是值得鼓励和张扬的。

性感之所以是性感,在于它能引发一种性的吸引力。性感这回事,放诸于不同的女性身上,自会散发出不同的味道或产生异样的效果。所以,女人可以不美丽,但是不可以不性感。你我皆是平凡女人,同样也可以做一个性感女人。

那女人如何才能从内至外,从头到脚去发掘、释放自己潜藏着的性感魅惑的一面呢?

1. 一些别有风情的小动作。

身体语言有着"只可意会不可言传"的妙处,很多看似不经意但别有风情的小动作,让女人瞬间性感万分。不经意的自我触摸正是其中最让人销魂的小动作,如一个45°斜上扬的媚眼,萦绕耳边呢喃软语,不经意地咬手指、托腮,不经意地把头发潇洒地向后拨,双手轻轻地捧着脸庞、无奈时耸耸肩膀,交叉双手轻抚着肩头或后颈,以及把手伸到毛衣内等都是些妩媚的小动作,都能让女人瞬间性感起来。

2. 做个感性的女人。

从来性感与感性都是相辅相成的。一个感性温柔的女人,无论语调、一举手一投足都更细腻和更具感染力。或许女人其貌不扬,气质平平,然而一旦沉浸在无边"思海"中,脸上也自会多了一份韵味。她那沉浸于无边思海中,托着腮,眼神迷离朦胧且不知抛向何处的表情让人不禁要多望一眼。

3. 画龙点睛的个性配饰。

做女人有一个好处,她可以佩戴各种各样的配饰。配饰可以彰显女人的气质和个性,也会增添性感,尤其是身上性感特区的配饰。一般来说在脚踝部位带条小红绳、小脚链,在耳垂处吊个大耳环或小圆圈,在手臂上带个臂环或印个小刺青等,都能令女人的性感指数明显地飙升。

4. 高跟鞋和贴身牛仔裤。

高跟鞋是很多女人的最爱,也是女人的专项。女人的脚踝及脚部早已被性学专家认为是重要的性感部位。而凉鞋及高跟鞋向来就是女人用以张扬腿部性感的武器。女人穿着凉鞋时裸露的脚踝,以及穿高跟鞋时婀娜的姿态,都让男人难以移开目光。

牛仔裤,是唯一一种能够同时被男女老少接受并钟爱的服饰,不同的牛仔裤风格可以塑造女人的不羁与我行与我素的形象,女人穿了剪裁完美的牛仔裤会令其性感指数倍升。

5. 自然的肤色和发色。

欺霜赛雪的肤色固然令人艳羡,惹人垂涎,但一身阳光肤色配上适度的身型,何尝不能散发野性的性感。很多西方女人为了求得自然性感的麦色肤色,经常会安排一些日光浴。而且,在很多男人眼里,纯黑色的发色反而不及棕色让人觉得性感。

6. 天真,孩子气。

和成熟、冷艳相对应的还有一种性感女人,她们内心有若孩子般的好奇、天真与热情,所以眼神里流露夹杂着纯真及孩子气的另类性感。事实上,很多著名影星比如碧姬·芭铎、玛莉莲·梦露、莉芙·泰莱等就是由于本身都很孩子气及有张孩子脸,再配合其魔鬼般的身材,凑在一起便是独有的性感。

7. 率性而为，独立不羁。

一般来说不敢或不愿外露真我个性，凡事抱不冷不热、温吞姿态，又处处约束着自己情感的女人很少给人性感的感觉。而独立不羁、敢爱敢恨、爱冒险、爱尝试新事物、好幻想及随时豁得出去实践梦想的这种对生命充满热情与敏锐的女人，让人觉得她们更充满刺激和神秘感。

8. 保持适度神秘感。

神秘感就是另一个性感元素。对男人来说，女人谜一样的眼神，朦胧的神秘感，是有致命吸引力的。所以，女人在和自己心仪的男人交谈时，切记：不要一五一十如数家珍般地尽诉自己的一切，其实男人知道女人所有的一切，也就失去了原有的兴趣。只说七成，留三成让对方揣摩与想像，留有余韵也是玩"神秘感"的一种巧妙！总之，就是不要完全满足对方的好奇心。

9. 适时流露懒态。

有的女人精致无瑕的面容和干练利落的作风固然是优点，然而试想一下，为什么中国唐宋朝代会被史学家认为出产最多像杨贵妃倾国倾城的性感美女？除了与当时轻纱妙曼的服饰有关外，大体还是生活于那个盛世年代的女性都崇尚一种缓慢之美，而脸上及四肢又总挂着一种诱人的懒态。而现在的生活节奏较快，鲜少有女人再具有这种雍容、懒散的憨态。

10. "露"得巧，"露"得妙

穿衣以暴露来达到性感实在是一门微妙的艺术。其一，并不是衣服穿得越少越性感，有时候若隐若现"犹抱琵琶半遮面"反而更有韵味。其次，讲究选择性地"露"，并不是任何一个部位露出来都会好看，若你有漂亮的肚脐、小蛮腰、天鹅般的长颈、好看的锁骨，那便不妨自豪地展现它们，否则，还是那句话："献丑不如藏拙"。另外，有不少女人把纯粹的肉感或骨感当作性感，而且太着急地表现性感、太张扬地搔首弄姿，殊不知更高境界及富美感的性感，才是杀人于无形的"性感在骨子里"。

第七章

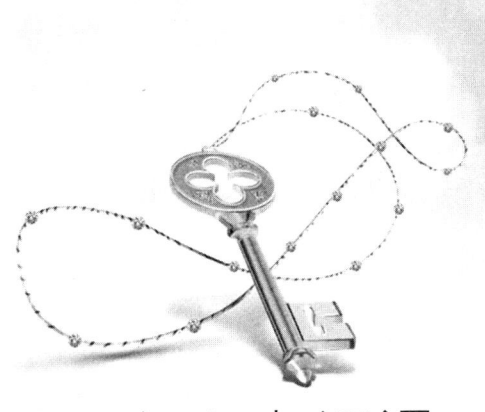

女人幸福课
消除心灵的尘埃，做个积极向上的女人

"身是菩提树，心如明镜台。时时勤拂拭，勿使惹灰尘。"心如明镜，纤毫毕现，然而，每个女人的心灵总会被不可避免地沾染上尘埃，使本来洁净的心灵受到污染和蒙蔽，这样就容易导致人格上劣卑、德行上失缺、心理上龌龊、性格上缺陷、思维上保守、胸襟上狭隘、见识上低下、生活上低趣等等。

如果女人的一颗心总是被灰暗的风尘所覆盖，干涸了心泉，黯淡了目光，终究会失去生机、斗志和魅力。所以，只有消除心灵的尘埃，才能做个积极向上的女人。

选择不完美也可以很幸福

人生的每一个阶段都在选择,可以说,正是人生中的每一个选择与放弃,决定了我们各自不同的路。人生不可能什么都完美,也不可能拥有一切想要的东西,也许,正因为人生总是有遗憾,才让人们坚持不懈地追求,最终得到更多。女人要知道,即使选择不完美也可以获得幸福。

古有苏东坡先生的"人有悲欢离合,月有阴晴圆缺,此事古难全",此外,还有"鱼与熊掌不可兼得","不如意事常八九,可与言人无二三","家家有本难念的经"等名言警句。由此可知,人生都是不完美的。

季羡林先生也曾说过,"每个人都争取一个完满的人生。然而,自古及今,海内海外,一个百分之百完满的人生是没有的,不完满才是人生。"不过很多人还是苛求完美。

有个人非常幸运地得到一颗硕大而美丽的珍珠,他却总觉得遗憾,因为珍珠上面有个小小的斑点。他想,若除去这个斑点,它该是多么完美呀!于是,他刮去了珍珠的一部分表层,但斑点还在;他又狠心刮去一层,但斑点依旧存在。于是他不断地刮下去。最后,斑点没有了,而珍珠也不复存在了。此人于是一病不起,临终前,他无比怅悔地对家人说:"当时我若不去计较那个小斑点,现在我手里还会攥着一颗硕大美丽的珍珠啊!"

其实,我们每个人的脚边都有彩贝,手里都有珍珠,只是我们不懂得珍惜,不善于享用,太过挑剔,苛求完美,因而错过了许多好运,辜负了许多美丽。因此,女人没有必要去刻意追求完美,我们要选择接纳自己的不完美。若过于执着且不肯变通,就必然会陷入完美主义的心理误区。就像故事中欲除掉珍珠斑点到最后却痛苦万分的那个人一样。

女人总是习惯不断挑剔自己：觉得自己的老公赚得不够多，觉得自己的房子不够大，觉得自己的孩子没有别人家的聪明……最常见的是对自己的相貌不满意，然而世上是没有完美女人的，即使我们古代有"闭月羞花"、"沉鱼落雁"之称的四大美女也不例外。

西施虽有沉鱼之貌，却有双大脚，所以她的裙子都很长，而且她还在腰间佩戴一串摇铃，走路时裙摆摇动，还有清脆的铃声，反更增添了几分女性的妩媚。

杨玉环集三千宠爱于一身，却有狐臭，她让宫娥采来鲜花制成香水，而且天天多次沐浴，所以她就有了凝脂雪肤，而且身上气味迷人，让唐明皇为之着迷。

貂禅能让董卓父子反目，并使吕布亲手杀了自己的义父，魅力可想而知，只不过她耳朵太小，所以常戴一对大大的耳环，反而更显俏丽动人。

王昭君能让皇帝气得杀掉花匠毛延寿，其容貌也可想而知。然而她是斜肩膀，所以她喜欢穿有垫肩的斗篷。我们可以看到王昭君的画像都是披着斗篷。

"金无足赤，人无完人"，人生本就存在不完美，正因自己的不完美，才会更好地定位自己，才能去追求完美。四大美人也都选择接纳自己的不完美，并且取长补短，完美自己。

既然人生有着不完美，那么从不完美中获得幸福，这才是女人要做的。女人没有必要因为自己的不完美而慌张、怨恨、沮丧、不满，如果不接纳自己，只是压抑和掩饰这些，就会扼杀自己的快乐，会阻挠自己实现理想。接受不完美，就是聪明女人生存的智慧，是营造女人快乐人生的技巧。善于接受不完美的女人，必定会随处有缘，拥有幸福人生。

如果选择不对,努力就会白费

如果方向错了,停止就是进步。女人不可能用一生的时间来追求自己的梦想,我们可以拿来尽情挥霍的时间是很有限的,因此在发现自己走错了方向的时候,应果断地选择放弃,切不可硬上,否则努力只能白费。

人的一生总是要面对这样或那样的选择,然而选择什么样的道路我们才能轻松地达到自己理想的境地呢?这是一个很严肃的问题。如果选择不对,导致了方向错误,那我们做再多的努力可能都只会离自己的理想越来越远。

有一个寓言故事是这么说的:兔子、青蛙、狐狸、蛇还有蜗牛来到了一片果园的大门不远处,狐狸突然间叫住了大家,它提议大家来个比赛看谁先到门口,大家一致同意了。比赛一开始大家就一起冲了出去,但当大家向前冲的时候发现蜗牛正在向着侧面不断地前进,他还固执地以为自己前进的方向才是正确的方向。结果,可想而知,蜗牛越走越远。

看了这个故事不知道你是否受到了一些启发,方向不对的选择所能带来的结果只能是南辕北辙,我们只有在事先做出正确的选择,接下来的努力才可能是有价值的、高效的。

曾经有这样一个非常勤奋的青年,他十分想在各个方面都比身边的人强。经过多年的努力,但是仍然没有长进,他很苦恼,于是就向智者请教。

智者叫来正在砍柴的三个弟子,嘱咐说:"你们带这个施主到五里山去砍柴,看谁砍回的柴火最多。"年轻人和3个弟子沿着门前湍急的江水,直奔五里山。

等到他们返回时,智者正在原地迎接他们,年轻人满头大汗、气喘吁吁地扛着两捆柴,蹒跚而来;智者的两个弟子也是一前一后到来。前面弟子的扁担左右各担了4捆柴,而后面的弟子则轻松地跟着。正在这时,从江面驶来一个木筏,上面载着小弟子和8捆柴火,停在了智者的面前。

年轻人和两个先到的弟子,你看看我,我看看你,都沉默不语;唯独划木筏的小徒弟,与智者坦然相对。

智者见状,问:"怎么啦,你们对自己的表现不满意吗?"

"大师,让我们再砍一次吧!"那个年轻人请求说,"我一开始砍了6捆,扛到半路,就扛不动了,扔了两捆;又走了一会儿,还是压得喘不过气,又扔掉两捆;最后,我就把这两捆扛回来了。可是,大师,我真的已经很努力了。"

"我们和他恰恰相反。"那个大弟子开口说,"刚开始,我俩各砍两捆,将4捆柴一前一后挂在扁担上,跟着这位施主走。我和师弟轮换担柴,不但不觉得累,反而觉得轻松了很多。最后,又把施主丢弃的柴挑了回来。"

划木筏的小弟子接过话,说:"我个子矮,力气小,别说两捆,就是一捆,这么远的路也挑不回来,所以,我选择走水路……"

智者用赞赏的目光看着弟子们,微微颔首,然后走到年轻人面前,拍着他的肩膀,语重心长地说:"一个人要走自己的路,本身没有错,关键是怎样走;走自己的路,让别人说,也没有错,关键是走的路是否正确。"

最后智者对这位年轻人说:"年轻人,你要永远记住,选择比努力更为重要。"

我们受传统教育,经常会听到"坚持就是胜利"这样的名言,然而实际情况却未必是这样的,正如上面故事中那个智者所言,选择比努力更为重要。

设想如果你正处于一个十字路口,前面是两条通往不同方向的道路。只有你选择好了要前进的道路,才可以继续赶路。所以我们说赶路就好比努力,如果你选择的方向不是通往你准备到达的地方,那么你在这条路上再怎么日夜兼程,结果只能是南辕北辙,而且,还会导致离你要去的地方越来越远。

丁格曾经说:"命运不是机遇,而是选择。"

林肯也曾经说过:"所谓聪明的人,就在于他懂得如何做出选择。"要知道,人生当中,你的每一个选择,决定的就是你今后人生的走向。没有罗盘和风帆的船,在海上只能四处漂泊。因此,我们要选择好方向,再去起航,选择好路线,再去跟风雨搏斗。

女人的一生都要面对不同的选择,如事业与家庭,金钱与爱情,媚俗与持守……是前进还是后退、坚持还是放弃、得到还是失去,这些都是女人需要做出的决定。人们往往在这些选择上会矛盾彷徨,不知所措,无所适从,因此我们必须不断锻炼自己学会选择。正确的选择犹如女人人生道路上的一个个路标,那是人生前进的指明灯,只有时时处处都能把握选择的正确性,女人才可以顺着选择的指引走到人生的一站又一站的幸福。

所以,作为女人想要身心轻松,简简单单地就获得幸福的人生,我们就要时刻牢记:只有正确地选择才能指引我们通往幸福的人生,为错误的选择努力越多,我们就会越陷越深,离原本幸福的目标越来越远。人生路上,关键是要明白自己究竟想要什么。每个女人都有幸福的权利,也有幸福的可能,这就要女人自己结合自身素质和条件、兴趣、特长,去选择自己的人生目标,走出一条适合自己的人生之路。

男人并不是女人的全部

当一个女人找到她所爱的男人后,往往以男人为自己的中心。尤其是现实生活中,很多女人结婚后都把老公当成了自己的全部,这样的女人满脑子都是自己的老公。然而很不幸的是,很多女人为此迷失了自己,而且实际的生活反而没有想像中的美好。

几千年的封建思想禁锢、束缚了女人的思想,可如今时代大不相同,现在已是开放自由的年代。女人也一样可以靠自己活得很好,女人不必把男人当成自己的全部,这样才可以活得很潇洒,活得有价值。

当一个女人,把男人当成自己的全部,而且需要依附于一个男人的时候,凡事所做、所想都围着自己的男人转,全然忘了自己,忘了自己的爱好,忘了自己的形象,忘了自己的追求,那么这个女人就真的失去自我的价值了。这样的女人可以称为傻女人了。

试想,一个满脑子只装着自己老公的人,她的目光能不短浅吗?气量能不狭小吗?长此下去,目光短浅、气量狭小的女人,就会忽视自己的形象,变得习惯在老公面前唠叨。然而一个总是唠叨而又没有上进心的不注意形象的女人,还能让你的男人对你的感情从一而终,毫无改变吗?

的确,这样的女人是傻到失去自我了,而且女人的献身精神往往不能得到男人的肯定,还可能引起一些家庭悲剧。

做女人很难,但无论怎样,都得为自己而活,不能因为任何人失去自我。女人,活得自在,活出潇洒,生活才会美满幸福。

雪晴和她老公的恋爱过程平平淡淡,没有大的波澜,就这么一直顺其自然地结婚、生子。婚后的雪晴并没有放弃自己的职业,而是家庭事业两不误。每天下班,夫妻二人一起逛菜场,一起下厨房,从不分是你该做还是我

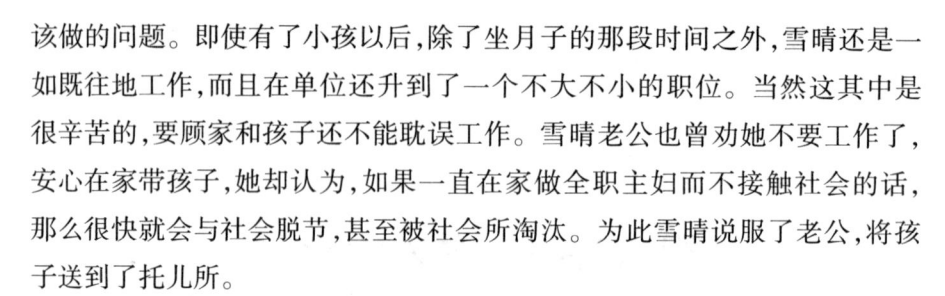

该做的问题。即使有了小孩以后,除了坐月子的那段时间之外,雪晴还是一如既往地工作,而且在单位还升到了一个不大不小的职位。当然这其中是很辛苦的,要顾家和孩子还不能耽误工作。雪晴老公也曾劝她不要工作了,安心在家带孩子,她却认为,如果一直在家做全职主妇而不接触社会的话,那么很快就会与社会脱节,甚至被社会所淘汰。为此雪晴说服了老公,将孩子送到了托儿所。

除了工作上不输给老公之外,雪晴还经常会制造点小浪漫给他。比如他生日的时候送上一份神秘的礼物,或是偶尔发条短信来个旧地重游的约会……更重要的是她绝对不会用一个邋遢的形象去面对自己的老公。她很注重保养,每周定时去做皮肤护理,细节总是要求完美,这一点无论是工作和生活都是如此。即使是在夫妻情趣上也一样,她会时不时地买上一件蕾丝睡衣,或是一件性感的内衣,每次都会让老公有意外的惊喜。在老公的眼里雪晴总是新鲜的,因为她总会以不同的方式扮靓自己。甚至当孩子大些了,她还依旧是老公宠溺的宝贝,那种宠溺几乎胜过了对自己的孩子。

不难看出,雪晴是一个有魅力的女人,她注重自己的形象,也注重生活趣味,而且也是一个独立的女人。女人独立是很重要的,一个女人要被男人尊重,就不能依靠男人,女人的独立除了人格独立,还有经济独立。试想一下,独立的女人即使没有了身边的这个男人,她的世界也不会坍塌,依旧会活得很好,因为男人并不是生活的全部。

无论有没有处在婚姻这座"围城"里面,也无论自己有没有孩子,女人都要把自己视为自由的。男人有其自己的天地,女人一样可以有自己的空间。

女人要记住,你可以取悦你的男人,但不是依赖你的男人。

女人可以偶尔搜集一些食谱,做一些私房菜给男人吃。但不要为了取悦他而天天做,女人要有心理意识,自己不是生来为了某个男人天天下厨房的。女人以自己的节奏行事,而不是按照对方的脚步,更不能受他摆布。

所以,如果有一天男人告诉你,他喜欢你穿紫色的裙子而不是白色的裙子,而白色的裙子又让你感觉良好,那么你可照样穿白色的裙子。

如果你爱的男人对你说:"我们分手吧。"女人请不要哭泣,你应该笑着对他说:"我等你说这话很久了。"然后转身走掉。

删除昨天的烦恼，粘贴美丽的心情

快乐是由人们自己作主的。因为你让自己快乐，所以你就快乐了；因为你让自己遗忘痛苦，所以你就忘了。所以，选择遗忘，让痛苦的经历随风飘逝，让脑海里一片清静，每天拥有一份快乐的心情，这样才能获得心灵上的重生，才能更加坚强、勇敢地面对现实，迎接未来。

经历过痛苦与磨难之后，女人没有必要永远背上精神的包袱过一辈子，没有必要念念不忘那些不愉快，以及那些人间的仇怨。越是念念不忘，越会被它们腐蚀，从而被它们影响情绪，让自己变得苦闷、忧郁、暴躁、愤恨。

马利安·达哥拉斯在一年内连遭两个女儿去世的致命打击。当时他的生活糟透了，茶不思，饭不想，夜不能寐，悲伤忧虑，忧郁压抑。医生建议他吃安眠药或去旅行，但都没有什么效果。他感到自己像被大钳子夹着一样，而且夹得越来越紧。

然而，使他获得解放，找到解决问题方法的却是他4岁的儿子。那是一个下午，他还在为女儿的事伤心难过，他儿子走过来问："爸爸，您能不能为我造一条玩具船？"虽然他在儿子的纠缠下答应了，可实际上，他当时并没有任何心情来造这条船。就在他把儿子的玩具船弄好的那一刹那，他仿佛从昏睡中惊醒，感觉在造船的3个小时里，自己的心情有了放松。他发现，如果一个人去做一些需要计划和思考的事情，伤痛就很难再占据你的心灵了。

第二天晚上，他察看所有的房间，发现书架、楼梯、窗帘、门钮、门锁、水龙头……都等着他去修理。他便把该做的事列出一张清单，竟一下子列出了242件需要做的事。过了很长一段时间，这些事情大部分都已完成。同时，他参加了成人教育班，担任校董事会的主席并参加很多会议，还协助红十字会和其他机构募捐。他用这些启发性的活动使自己变得充实起来。忙碌的他没有时间和精力再伤心了。

以后,每当马利安·达哥拉斯遇到不幸或烦心的事时,他便把全部心思集中在工作上,拼命地工作,让自己保持忙碌的状态,排遣了苦闷,从而渐渐摆脱了苦闷。

女人生活中不可避免有许多悲伤、苦恼的日子,因此有很多的不快乐。也许上司不赏识;也许工作中遭到同事的排挤;也许学习上有难以攻破的课题……很多的事情,会造成你的不开心。有可能你前一刻还十分开心、活跃,后一刻却已经天崩地裂,心情糟糕透顶。心情郁闷,又无处发泄。所以,你会更加烦躁。但是,生活继续进行着,时间依然流逝着,地球也在按照自己的轨道运转着。你还在不开心吗?世界上没有人能够帮助你。

同样是痛苦与快乐,如果能够在潜意识里自己刻意忘记痛苦,无论痛苦有多小或多大,都能够遗忘它、忽略它、不想它;当然这时候选择快乐,告诉自己你很快乐,顿时,你的心情便会豁然开朗,心中敞亮,觉得连呼吸的空气都突然间变得新鲜。之后,你快乐,你工作顺利,友谊之路无荆棘,爱情甜如蜜,家庭幸福美满……

苦闷会严重损害人们的身体和心理健康,阻碍心智的发展,而且还影响与周围人的交际,慢慢地置人于死地。忘记该忘记的事情,是对过去一些失意的遗忘,它意味着一种对人生乐观豁达的态度。对于一个要享受快乐人生的人来说,忘记过去或干脆说背叛过去的一些痛苦事实,是享受快乐人生的一项权利,也是一种极其明智的做法。所以,试着删除昨天的烦恼,粘贴美丽的心情,让自己开心起来。

事业才是女人的第一任"丈夫"

有人说男人一生最重要的是事业,事业是男人的全部。其实,事业在女人一生中也非常重要。女人应该更理智一些,不能由于太相信感情,无条件地支持心爱男人的事业,而心甘情愿地放弃自己的事业。

中国自古传统观念认为女人的最终归属是家庭,相夫教子是其终身责任,所以女人一生奉献给家庭是天经地义理所当然的事。然而时代在进步,女人的观念也跟随着与时俱进。

女人,如果只服从男主外、女主内的生活方式,注定要为这落后的观念付出代价。

女同胞们清醒点儿,除了爱情你还有事业!女人因能力、兴趣与发展,分为家庭型、事业型、享乐型。现在的女人虽然还是特别看重爱情,但爱情却不再是生活的全部了。没有几个女人会心甘情愿地做全职太太在家相夫教子,传统观念遭遇尴尬的境地,女人是否应该为了男人而放弃自己的事业?

人们常说"每个成功的男人背后都有一个默默无闻的女人"。但社会上这种所谓成功人士毕竟少数,而且也未必一定要牺牲女人自己的事业来成全男人,这两者并不一定是矛盾的。很多女人相信男人一定能明白她们的用心良苦,所以把他们的事业看成是共同的事业,为他们默默付出,而这些有一定作为的男人,一旦成功,总是把一切成功都归功于自己。到头来,女人往往没有本应属于自己的"功劳"和"苦劳",甚至还被无情地抛弃,这样后悔的是女人,可怜的也是女人,这样的悲剧时常发生。当自己的事业、青春都失去了,又能怎样呢?与其这样,女人不如一开始就干好自己的事业,这才是最重要的。

很多女人觉得"女人干得好不如嫁得好"。然而这是有风险的,若女人放弃事业,把幸福寄托在嫁个好男人身上,假如遇人不淑怎么办?女人千万要把握好自己的方向,女人只有在追求幸福的同时追求自己的事业,那么幸福才可能更有保障一些。

贾如最近正纠结于离婚的事情烦恼中。贾如跟丈夫结婚时刚二十出头,她原本在大城市有一份令人艳羡的工作,为了结婚,她毅然把工作辞掉了,婚后便全心全意地经营家庭。贾如非常不明白,她为了深爱的老公放弃了自己的事业在家相夫教子将近八年,为何却被丈夫抛弃?

贾如的丈夫说出的离婚理由很简单:贾如现在已经与社会脱节了,思维也被局限了,现在两人不能再像以前一样有默契了,志向也有了很大的分歧。而且,他受不了贾如整天在家里神神叨叨的,而且还说他对贾如早已经没感情了。

贾如虽然很爱她的丈夫,但无奈之下还是签了离婚协议书。离婚后不久,贾如得知她丈夫在两年前就有了外遇,而一直忠于家庭的她竟从没发觉。

不能不说这是一场悲剧。或许很多女人或多或少存在她这种情况。女人放弃自己的工作,结婚后成为家庭主妇,每天重复着同样的事情,伺候丈夫,照顾孩子,时间久了反而在丈夫眼里成了一个没有思想、没有主见的靠他养活的女人了!这是女人的悲哀。

现代社会中,感情往往受外界影响,变化很快,尤其是那种所谓的成功男人受到社会花花绿绿的诱惑更多。世上有多少贾如丈夫这样的男人呢,不可得知,或许一开始,这样的男人就把女人的牺牲看作是理所应当,而女人执着付出没有得到回报,反而只有更多的伤害。这就是女人放弃事业付出的代价。

当女人爱上一个令自己无法自拔的男人时,请冷静思考,爱情和面包并非只能择一而选。真正爱你的男人甚至会鼓励与支持你的事业,没必要为了爱情而放弃事业,倘若男人叫你放弃事业,那么你要明白,或许他爱自己比爱你更多。

网上流传一句话,说得不错:工作也许不如爱情来得让你心跳,但至少能保证你有饭吃,有房子住,而不确定的爱情给不了你这些。所以,认真努力地工作。女人生活中,不仅要有爱情,最好也有事业,所以,无论是某个公司的CEO,还是餐厅的女招待,不管年薪百万,还是月工资只有300元都无关紧要,这样你才能在男人面前直起腰来,说话有底气,因为你有自己的事业,你不靠乞怜维生。

此外,女人要有自己的事业,并不是女人有多大野心,也不是指你非得要做出惊天动地、一鸣惊人的事才算事业,而是你应该有一份自己喜欢做的一项工作,或者是通过工作把你的能力发挥出来,持之以恒地做下去,并能提供自己生活的来源,在精神上也尽可能地做到独立,有实现自己价值的成就感。

成为幸福女人的七个秘诀

追求幸福是女人的本性，每个女人都希望自己成为一个幸福的女人，然而只有其中很少一部分人才能真正如愿以偿。幸福也是需要"修炼"的，女人要时刻调节自己的心态，从而不断完善自己，这样离幸福就越来越近了。

在祝福别人的时候，我们往往说：祝你幸福！什么是女人的幸福呢？其实，幸福没有固定的标准，也没有固定的模式，它是来自女人内心深处的一种感觉，更是一种心态，一种习惯，一种满足。每个人眼中的幸福是不同的，俄国文豪托尔斯泰曾说："幸福的家庭都是相似的，不幸的家庭却各有各的不幸。"还可以这样说，"幸福的女人都是相似的，不幸的女人却是各有各的不幸。"

幸福不是与生俱来的，需要女人慢慢领会，还要逐渐培养。女人只有在觉得自己幸福的时候才是幸福的，这种幸福，是一种心情，是一种满足，是一种习惯，是一种付出，也是一种享受。学会做个幸福的女人，精心呵护自己的心灵，让自己充溢着幸福。

想要成为幸福女人，要懂得下面几点：

秘诀一，无论何时，对自己好一点。

女人拥有快乐的权利，这并不是自私，女人对自己好一些，才能对别人好。而且，对自己不好的女人，也不会得到别人的尊重。

秘诀二，不要攀比，少计较，看开些。

攀比，也不可取，女人是现实的，也是虚荣的，攀比不会让女人得到满足，反而会让女人陷入无止境的深渊。女人更不要为了面子，打肿脸充胖子。斤斤计较，可能让女人失去更多，还会占用太多的精力和时间，不如看开一些,随遇而安,这样才会活得潇洒一些。

秘诀三,女人不要试图彻底改变你的男人,如果爱他,试着接受他的现在。

女人也有控制欲,总希望按照自己的方式"调教"男人,如果他能改,当然最好,如果很难,又非涉及原则的事情,那么就仔细考虑一下,自己能不能接受。一般来说,成年的男人往往其生活习惯、生活方式已经固定,那么因你而完全改变的可能性不太大了,而且他更需要你去适应他。他喜欢喝酒,虽然你讨厌男人喝酒,然而他酒品还算可以,而你又爱他,就努力接受吧。

秘诀四,多一些宽容,多一些理解,多一分善解人意。

恋爱的时候,其中一方哪怕是有些过火的举动和行为,在恋人眼里都是可以原谅的。然而婚后生活就不一样了,相处时间越来越长,关系越来越亲密,对方暴露的缺点毛病就越来越多了,女人经常会为一些很细微、很平常的小事发狂,"你的臭袜子怎么总放不对地方?""我拖的地又被你踩脏了,你是成心的吧!"遇到不顺心的时候,战争就一触即发了。将心比心,反过来想想,自己在爱人眼里,是不是也是一样的缺点很多呢? 所以,不要总是抓住"小辫子"不放,女人难得糊涂几次,睁一只眼闭一只眼,没什么大不了的,这样多一些宽容和理解地去经营家庭,幸福才不会走远。

秘诀五,给平静的生活一点惊喜,多点浪漫,多点情调。

即使还没有达到"老夫老妻"的年龄,生活中也基本上激情逝去,平波无澜。男人或许心粗,并不是很在意,他们很少想到女人是否有这方面的需求,不会像恋爱时今天雨后散步,明天花前月下。女人就不一样了,虽然整天和柴米油盐打交道,然而骨子里还是期望浪漫,期盼惊喜的。女人自己也可以改变,然而不是没有新意地置办蜡烛和鲜花,只要带给爱人一些新鲜感就可以。

秘诀六,避开矛盾,互相体谅,有进有退方为上。

家庭是女人避风的港湾,然而也有可能成为导火索。总是将自己的家庭规划设计得太完美,寄予希望太大,所以婚后就会相当失望。家庭中也存在错综复杂的人际关系,比如说婆媳关系、姑嫂关系、翁婿关系等,女人面对这些从未遇到过的矛盾,常常束手无措,有时任着性子来,所以矛盾非但没有解决,反而越来越激化。女人是敏感的、任性的,有时候也不是很理智的,所以在遇到矛盾时,要想真正解决矛盾,就要互相理解,应该采取避让的方式,能避开就避开,不去钻牛角尖。女人分清主次,不要因这些矛盾,影响自己平静的生活,要知道温暖和谐的生活才是最重要的。

秘诀七,给自己留一个独立的空间。

女人的幸福,不是说婚后两个人真的就什么都是共同的,没有什么秘密和隐私。女人再爱自己的男人也要有独立的心态,有自己个人独立的空间。女人的独立空间,就是经济独立和私有空间,经济空间比如说"私房钱"。有"私房钱"并不是什么见不得人的、偷偷摸摸的事情,这是女人自己的权利和自由,如果老公理解,可以公开,如果老公不理解,可以隐蔽一下。女人在自己的私有空间可以自由安排,不受他人干扰,尽情享受。有独立人格的女人是有魅力的,在别人眼中也是神秘的。夫妻关系就像弹力胶,该弹就弹开,该合也得合,女人的幸福是靠自己创造出来的。

总之,做个幸福的女人,用女人细腻而敏感的心记录生活的美好,感受人生的幸福。幸福的女人,懂得独立、拥有坚强、充满自信、富有个性,既有女性的柔情,又有女性的坚韧。她们会不断充实自己,活力四射地面对每一天,让每一个日子都充满情趣和精彩。

面对不幸,选择微笑

人生之路充满了许多未知未卜的因素,当那些人们不能掌握的不幸意外发生的时候,女人应该承认它的存在,然后以沉着、冷静的心态去面对它,处变不惊地采取有效行动。这是一种积极乐观的人生策略。毕竟人活在世上,笑过一生、苦也过一生,快乐地过日子才是最重要的。

人生中处处充满了变数,不敢面对现实,是弱者的行为,它会让你在现实面前越来越乏力,最后被生活所控制,失去自我,也失去了生活的乐趣。女人承认已经发生的不幸,需要勇气,但是只要你做到了,你的人生就会是另一番景象,甚至转危为安。

20岁的林梦在深圳打工。有一次,她陪着自己的室友去当地医院看病。医生看她如此消瘦、憔悴,顺便免费给她看了看。结果出乎她的意料,也让她的室友吓一跳——林梦患上了咽喉肿瘤。经过医院化验,断定林梦得的是咽喉癌。而且,林梦从医生那里得知自己的生命期限是六个月到一年,这对于一个花季少女来说,简直就是灭顶之灾。

林梦接受了这个残酷的事实。经过一番深思后,她认为反正自己也没有多少时间了,与其愁眉苦脸,不如快快乐乐地过好剩下的每一天。她决定要在有限的时间里,好好地、快乐地、认真地体验生命,放下以往担在肩上的许多压力,以一种全新的眼光,去看这个世界,用爱心去关怀周围的每一个人、每一件事,以期使自己的生命能更充盈、更丰富、更有意义。

抱着这样一种新的认知后,林梦整个心态都有了转变,她变得谦和、宽容,懂得珍惜,对身边的一花一草,都怀着一份温柔;对身边的朋友、同事,甚至对陌生人,也都笑言相对;早上外出运动,她亲切地和路人打招呼问好;甚至住院化疗时,她每天都利用休息的时间偷偷地跑到医院附近的小广场去跳舞。

在外人看来,林梦和健康人没有什么两样,因为她坚信日子难过也要好好过,与其痛苦地等死还不如快快乐乐地度过生命的最后时间。

日子就这样一天天地过去了,然而林梦已经平安地度过了五个年头。没有人知道她到底能活多久,包括她的主治医生。幸运的是她已经不再害怕、不再担忧了,甚至有时都忘记了自己曾经为了治疗癌症而做化疗。

在短暂的一生中,我们肯定也会碰到一些不幸的事情,但既然事情发生了,抱怨也无济于事,坚强睿智的女人会选择尽可能平静地对待,而且不放弃一切可以改变的可能,积极乐观的去面对。

女人要面对无数意外的挑战,要承受无数不确定的剧变,常常陷入痛苦不能自拔,或抑郁不安。或许那个痛苦本身并没有多大,而是因为人们的"心"太小了,无意中放大了痛苦。如果女人心胸狭窄,那么在她心里就会有许多的想不通,许多的抱怨,痛苦的折磨感就会随之变大。反之,如果女人能够做到心胸宽广,乐观向上,那么她心里的痛苦就显得很渺小了。女人要学会坦然面对人生的一切困难与挫折,积极乐观地活好每一天。

张弛有度，女人要懂得认输

很多女人都不喜欢听到"认输"这两个字，在女人的思想意识里似乎只存在：百折不挠、坚忍不拔、执着不悔、永不言退……然而女人需要学会变通，学会认输，这样才不会经常有挫败感，才能更好享受生活带来的乐趣。

认输，是一种基本的生活常识，是一种生活的智慧，是一种人生的境界，是退而求进，是刚中之柔。然而学会认输，不是一件容易的事。行走人世，女人身上背负着太多的责任与期待，周围的人鼓励女人要执着、要坚强，可是人生总有越不过的坎，世上总有登不上的山，这个时候要懂得认输。

张三在院门口摆了一个棋摊，并立了条规矩，凡输了的，不输金不输银，但必须说一句"我输了"。不说也可以，但必须从他那三尺来高的棋桌下钻过去，以示惩罚。既然是楚河汉界，就要分个胜负，这不奇怪。奇怪的是有些人宁愿钻桌子，也不愿认输。

院里，张三嗜棋如命，棋艺也高，只有别人向他拱手认输，他却从未开口说过输字。一日，一位叫李四的人，慕张三高名，前来对弈。张三第一次遇到了对手，一连三局，张三都输了。每次输后，他总是黑着脸，二话不说，就从棋桌下钻过去。

后来有人问张三："你这是何苦呢，说一声'输了'，不就得了，为什么要钻桌子？"

张三把脖子一拧："这'输'字是能轻易说的么？你就是砍了我的头，我也不会说的！"

故事中的张三正应了那句老话：宁输一垄田，不输一句言。其实，认输也是人生的必修课。输就是输了,输了可以从头再来,认输有这么困难吗?要勇于认输,让人感到其心未输,其志未输,假如仍旧不认输,还一味地推诿搪拖,其实骨子里还是输了,输的是精神,也是品格。像故事中的张三那样,虽然不承认自己输了,其实还是输了,不但输了勇气也输了尊严。

很多女人是倔强的、好强的,不认输,或许女人能坦然面对成功,却很少能自如面对失败。女人要懂得认输,学会认输,就是承认失误,承认差距,目的是为了扬长避短。人与人之间,不可否认,智力的差距,体力的差距,技艺和知识的差距,总是存在的。明知自己气力不如人,却要与人家硬拼,不知后退,那就只有彻底输掉自己。

此外,学会认输,就是清醒地审读自己,让自己避免更大的损失,这样才能重新踏上征程。

在亚马逊热带丛林中生活着一种蜂鸟。这种蜂鸟的家族有一个规矩,那就是只准向前不准退后,如果有胆小的蜂鸟临阵退缩,就会遭到其他蜂鸟的围攻,最终被自己的同类啄死。

那时,只要是它们想吃的东西,它们就一定能吃得到。整个热带丛林,没有哪种动物不害怕蜂鸟。

一次,森林失火了。看见烈火熊熊地在丛林中蔓延,大片地占据了它们的领地,蜂鸟愤怒了。在蜂鸟王的指挥下,蜂鸟们一群群地向烈火扑去,一群群地死在了烈火之中,但蜂鸟们不能退缩。眼看蜂鸟家族就要全军覆灭,这时,蜂鸟群中有一只蜂鸟动摇了,它试图往后退。蜂鸟王一眼就看见了那只临阵退缩的蜂鸟,当它狂怒地指挥其他蜂鸟向那只临阵退缩的蜂鸟扑去时,其他蜂鸟并没有像往常那样向这个背叛者扑去。令蜂鸟王意外的是,有一小部分蜂鸟也跟着那只蜂鸟一起向后飞去。

蜂鸟王和更多的蜂鸟成了那次烈火的牺牲品,而那一小部分向后飞的蜂鸟则活了下来,并延续了蜂鸟的种类。试想,如果当初没有那只肯退一步的蜂鸟,蜂鸟的种类也不可能得以延续。

很明显,那群向后飞的蜂鸟,才是识时务的"俊杰",因为它们懂得认输,没有盲目执拗地往前冲,才得以延续生命。同理,女人出于不利的现实,也要善于承认自己的卑微渺小,承认自己的势单力薄,承认自己的才疏学浅,甚至承认自己的一点怯懦，一点自私，一点邪念，一点粗俗。

乔治·萧伯纳认为："一个人承认的失败越多，他就越值得尊敬。"据《纽约时报》中某篇文章介绍，现在许多冒险投资商和猎头公司都更倾向于任用那些曾经经历过职业失败的经理人，他们认为，一个愿意承认失败历史的人会非常懂得怎样减少失败的代价。

懂得认输，学会认输，是女人一生中的必修课。女人面对生活的现实，需要善于正确地分析和把握局势，承认挫折，该认输就认输，这样避凶趋吉，及时调整人生航向，去争取赢的机遇和时间，才能发挥自己的优势和潜能，成为最后的赢家。

聪明的女人不做情人

如果问一个痴情的女人,为什么要选择做情人,或许她会一声叹息,说"情非得已"或者"身不由己",又或许只是因为寂寞,寻求刺激。然而真正聪明的女人是不会做情人的。

不可否认,情人关系在其隐秘、躲闪中让情人们品尝到了一种紧张感,这是一种别样的刺激,不亚于相爱的男女在阳光中深情拥吻。这种紧张、刺激是一种与放松一样的享受,而且无论何种年代、何种国度都没什么本质的区别。

拥有了情人,就拥有了秘密。然后再向闺中密友像讲述非洲历险一样,讲述自己偷情的故事,会让当事者觉得自己有别于一般的普通人。看来,拥有情感方面的坎坷经历,已经被乏味的现代人视为一种骄傲的资本。现代生活节奏的加快以及生存的危机感,让现代人疲惫不堪,当所有的娱乐活动都不能让都市人拥有一种长期的新鲜感之后,"情人"便成为了一个百试不厌的"娱乐活动"。因情人的不同,而使情人关系在相同中带着不同,这种在相似中的不相似,在探知对方经历、情感时,拥有了一种走钢丝般的惊喜。

情人之间特别容易诞生誓言,但无论情人之间怎样海誓山盟,到最后都无法逃脱分手的结局。想当年,当克林顿陷入"莱温斯基性丑闻",为了博得公众支持,他抛下胖妞莱温斯基,在公众面前挽起希拉里的手亲吻时,就已经让人看到了"情人关系"让位于政治命运的悲剧。

其实,现实生活中,情人关系像水晶一样,虽然美丽但是太容易破碎。能将"情人关系"冲击得支离破碎的,有金钱、名誉、伦理道德等,情人关系是如此的脆弱,尽管也有爱的成分,但从始至终这种关系就不稳固。

一旦两个人成了情人,便不再感到轻松透明。两个人之间由于有了种说不清的责任,便会自然地向对方生出许多要求。也许这种要求很正常,可当对方满足不了你时,女人难免会伤心惆怅,容易陷入情绪的旋涡难以自拔。此外,你和他之间的关系在社会舆论中因见不得天日,往往会产生出一种不安全感,甚至在患得患失中失去自我、迷失自我。而对女人来说,失去自我、迷失自我就会失去曾经夺目的魅力。

处在感情漩涡中的女人,往往最容易受伤。阿荷在打工时候的一次不经意邂逅中,结识了一个比她大8岁且早已结婚成家的男人。男人对她无微不至,阿荷不顾一切地爱上了他,不在乎他是不是已经结婚,不在乎他有没有给自己承诺,还是和他在一起。随着感情逐渐变深,阿荷变得有些神经质,而且敏感患得患失,时常有一种莫名其妙的恐惧,害怕有一天男人会突然不告而别。有一天,她突然明白过来,那个男人虽然说爱她,但不会为了她放弃自己的事业和家庭,也不会为她做丝毫牺牲。尽管那个男人信誓旦旦地说,一定要离婚娶她,但阿荷还是决定放弃这段"不正常"的感情。在黎明再次来临的时候,阿荷忍着心中的剧痛,头也不回地离开了那个男人。一段时间以后,一个男人向她求婚,她欣喜地答应了,后来的日子她得到了以前从未享受过的安宁和满足。

其实,聪明的女人当遇到自己喜欢的人,而又不能和他结合的情况时,不会选择做他的情人,而是做他的朋友。

一般来说,情人之间难免太过敏感,因为彼此距离太近而失去朦胧的美丽和神秘,也因繁琐世事而消磨两个人的温情。情人的眼里容不下一粒沙子,而且会身不由己地去计较,两个人的关系会由此变得紧张,而朋友却意味着宽容,让彼此感到愉快。

如果你成为他的朋友,那么他会视你为一笔财富。他在你面前轻松自然,他在快乐与烦恼时会想到你。他会理智地欣赏你的独立、你的思想,他会回味你的笑容、你的神韵,他会因你的鼓励而积极工作,他愿意因你而化身为一个成功而光芒四射的男人。

并且你和他之间有"只可意会不可言传"的一种情愫、一种默契,它会让你得到满足,而且不会让你迷失自己。你们都有各自的生活,彼此不会过多地要求对方,你也不会为他纠结郁闷以至于昼夜难眠。你们之间的关系比情人要稳固、要和谐。

所以,聪明的女人不要做情人,主动向你提出这个要求的男人更不值得去爱,否则你以后会为现在的行为、后悔万分。

第八章

女人婚姻课
嫁的老公好，那婚姻就是天堂

女人如花，娇艳动人，却不常在。所以对于女人而言，选择一个什么样的伴侣，就是选择一种什么样的生活。女人一生最大的事情莫过于能否嫁给一个好老公了。如果嫁的老公不好，那婚姻就是坟墓，如果嫁的老公很好，那婚姻就是天堂！

因而，想要做个幸福的女人，一定要找对合适的伴侣哦！

选择爱自己的人还是自己爱的人

女人难免有陷入迷茫的时候。在情窦初开的时候,浪漫爱情的目标是:找一个爱我的同时又是我爱的人。然而,最终的结果并不那么理想。现实中很多女人,在面对爱自己的人和自己所爱的人时踌躇犹豫,不知道该怎么选择。

有的女人说,选择爱自己的人,自己是被爱的一方,以后感情会更稳固一些,其实不尽然。有的女人说,当然要选择自己爱的人,一生中遇到自己爱的人并不容易。然而有时候,当你对他的爱得不到回应时,难免也会受到伤害。

在现实生活中,我们究竟该如何选择呢?是找个自己爱的人结婚,还是该找个爱自己的人结婚?其实,无论怎样选择都会或多或少留下些遗憾。相信这个问题也困扰了很多女人,不妨看看下面的故事,或许会有所帮助。

女人问智者:我究竟该找个我爱的人做我的丈夫呢?还是该找个爱我的人做我的丈夫呢?

智者笑了笑:这个问题的答案其实就在你自己的心底。这些年来,能让你爱得死去活来,能让你感觉得到生活充实,能让你挺起胸不断往前走,是你爱的人呢?还是爱你的人呢?

女人也笑了:可是朋友们都劝我找个爱我的男人做我的丈夫?

智者说:真要是如此的话,你的一生注定就将从此碌碌无为!你是习惯在追逐爱情的过程中不断去完善自己的。你不再去追逐一个自己爱的人,你自我完善的脚步也就停滞下来了。

女人抢过了智者的话:那我要是追到了我爱的人呢?会不会就……

智者说:因为他是你最爱的人,让他活得幸福和快乐被你视作是一生中最大的幸福,所以,你还会为了他生活得更加幸福和快乐而不断努力。幸福和快乐是没有极限的,所以你的努力也将没有极限,绝不会停止。

女人又说:那我活的岂不是很辛苦?

智者说:这么多年了,你觉得自己辛苦吗?

女人摇了摇头,又笑了。

女人问:既然这样,那么是不是要善待一下爱我的人呢?

智者摇了摇头说:你需要你爱的人善待你吗?

女人苦笑了一下:我想我不需要。

智者说:说说你的原因。

女人说:我对爱情的要求较为苛刻,我不需要这里面夹杂着同情或者怜悯,我要求他是发自内心的爱我的,同情怜悯宽容和忍让虽然也是一种爱,尽管也会给人带来某种意义上的幸福,但它却是我深恶痛绝的,如果他给我的爱夹杂着这些,那么我宁愿他不要理睬我,或者直接拒绝我的爱意,在我还来得及退出来的时候,因为感情是只能越陷越深的,绝望远比希望来得实在一些,因为绝望的痛是一刹那的,而希望的痛则是无限期的。

智者笑了:很好,你已经说出了答案!

女人问:为什么我以前爱着一个男人时,他在我眼中是最好的?而现在我爱着一个男人,我却常常会发现比他更好的男人呢?

智者问:你敢肯定你是真的那么爱他,在这世界上你是爱他最深的人吗?

女人毫不犹豫地说:那当然!

智者说:恭喜。你对他的爱是成熟、理智、真诚而深切的。

女人有些惊讶:哦?

智者又继续说:他不是这世间最好的,甚至在你那么爱他的时候,你都清楚地知道这个事实。但你还是那么地爱着他,因为你爱的不只是他的朝气帅气,要知道韶华易逝,但你对他的爱恋已经超越了这些表面的东西,也就超越了岁月。你爱的是他整个的人,主要是他的独一无二的内心。

女人忍不住说:是的,我的确很爱他的憨厚朴实,疼惜他的孩子气。

智者笑了笑:时间的任何考验对你的爱恋来说算不得什么。

女人问:为什么后来在一起的时候,两个人反倒没有了以前的那些激情,更多的是一种相互依赖?

智者说:那是因为你的心里已经潜移默化中将爱情转变为了亲情……

女人不解:亲情?

智者继续说:当爱情到了一定的程度的时候,是会在不知不觉中转变为亲情的,你会逐渐将他看作你生命中的一部分,这样你就会多了一些宽容和谅解。只有亲情才是你从诞生伊始上天就安排好的,也是你别无选择的,所以你后来做的,只能是去适应你的亲情,无论你出生多么高贵,你都要不讲任何条件地接受他们,并且对他们负责对他们好。

女人想了想,点头说道:亲情的确是这样的。

智者笑了笑:爱是因为相互欣赏而开始的,因为心动而相恋,因为互相离不开而结婚,但更重要的一点是需要宽容、谅解、习惯和适应才会携手一生的。

女人沉默了:原来爱情也是一种宿命。

女人问:大学的时候我曾经遇到过一个男孩,那个时候我很爱他,只是他那个时候并不爱我;可是现在他又爱上了我,而我现在又似乎没有了以前的那种感觉,或者说我似乎已经不爱他了,为什么会出现这种情况呢?

智者问:你能做到让自己从今以后不再想起他吗?

女人沉思了一会:我想我不能,因为这么多年来我总是有意无意中想起他,又或者同学聚会时谈起他的消息,我都有着超乎寻常的关注;接到他的来信或者电话的时候我的心都是莫名的激动和紧张;这么多年来单身的原因也是因为一直以来都没有忘记他,又或者我在以他的标准来寻觅着我将来的伴侣;可是我现在又的确不再喜欢他了。

智者发出了长长的叹息:现在的你跟以前的你尽管外表没有什么变化,然而你的心却走过了一个长长的旅程,又或者说你为自己的爱情打上了一个现实和理智的心结。你不喜欢他也只是源于你的这个心结,心结是需要自己来化解的,人总要有所取舍的,至于怎么取舍还是要你自己来决定,谁也帮不了你。

女人没有再说话,只是将目光静静地望向远方,原来智者也不是万能的……

女人问:在这样的一个时代,这样的一个社会里,像我这样的一个人这样辛苦地去爱一个人。是否值得呢？

智者说：你自己认为呢？

女人想了想，无言以对。

智者也沉默了一阵，终于他又开了口：路既然是自己选择的，就不能怨天尤人，你只能无怨无悔。

女人长吁了一口气，她知道自己懂了，她用坚定的目光看了智者一眼，没有再说话。

正如智者所说，当爱情到了一定程度的时候，是会在不知不觉中转变为亲情的，所以后来维持婚姻的更多的是亲情，而不是爱情。

对于女人来说，当你处于这个十字路口时，选择要慎重。

爱情也要拿得起、放得下

一般来说，女人一生中，最不容易放手的，就是感情，尤其是爱情。女人对待爱情极为执着，极为投入，也因此当其出现问题时，往往难以自拔，舍不得放手。在女人的一生里遇见了自己心爱的人，可以说是幸运的，无论结局怎样，都可以说是幸福的。白头到老，固然很好，即便是分手了，或者为爱情而伤心，也都是幸福的，毕竟你爱过。

很多女孩在恋爱之前幻想，自己恋爱的时候要轰轰烈烈，分手的时候要潇潇洒洒。

然而当女孩一天天成长为女人，经历过以后才会懂得，爱情并非想像的那么简单，拿得起容易，放得下很难。

女人应该懂得放弃，当一个男人不再爱你的时候，你可以用眼泪和过去的美好告别，而不是来挽留已经逝去的爱情。相爱时是情不自禁，不需要理由，离开亦然。至少你已经拥有过，女人要学会适时地坚持与放弃，在得到与失去中慢慢地认识自己。其实，生活并不需要这么些无谓的执着，没有什么是真的不能割舍的。爱情也一样，拿得起，也要放得下，这样生活会更容易一些。

从古至今，总流传多情女子负心郎的故事，梁山伯与焦仲卿那样的痴心男却很少。而鲜有男子为曾经爱恋的女子流泪不舍，总听的是女子悲悲哀哀为已逝去的爱哭泣。女人放下一段深爱，太难。

女人在面对一份没有把握的感情，或者付出了很多，却得不到一丝回应时，就要有当断则断的勇气，决不可拖泥带水。对女人来说，最可怕的不是失去所爱的男人，而是当感情无法挽回或者存在致命缺陷时，却仍执迷不悟，继续陷入爱的泥潭中无力自拔。这样，女人自己也会错过另外寻找真爱的机会。

当年戴安娜王妃和查尔斯王子的生活中,由于卡米拉的出现而产生裂痕时,戴安娜王妃并不是没有努力过,然而爱情早已逝去,已经到了无法挽回的地步。她虽然难以割舍,还是勇敢地选择分手,最终和查尔斯离了婚。离婚之后,戴安娜过上了全新的生活,也迎来了她的新爱情。

如果在这份感情中,他注定是你生命中的过客,那么无论他陪你走了多远的路,最终还是会和你分开的。而在未来的路上总会有一个人,和你一起,一起走到老的。

如果自己付出了,就不要后悔失去了那份感情,更不要不甘心,抱怨你为他付出了多少,你为他做了什么什么。爱情中你所做的都是心甘情愿的,没有人逼迫你,既然已经付出,就不要后悔。而且,没有一个人一生只谈恋爱却不做其他事情,一点也不付出是不可能的。

也不要心存侥幸,幻想也许就在你转身的时候,他后悔了重新来找你,请求你原谅,请求和好如初。要知道,感情是不能勉强的,这样的事情也是无法避免的,每天都在发生。我们是生活在现实中,而不是童话里,所以不要天真地轻信那些爱情小说和电视剧。

男女之间从见面面红心跳到两情相悦,然后彼此间心有灵犀,感情浓得化不开,也需要走很长一段路程。而从所有的这些美好过往,都化作一声无奈的叹息,也许只需短短的一瞬。

女人其实明白,爱情无解,爱情无常。爱情中的两个人分不清对错,何苦扰了别人,又伤了自己?相信岁月能够冲淡记忆,时间可以愈合伤口。痛过了,才会懂得如何保护自己。傻过了,才会懂得适时地坚持与放弃。在得到与失去中慢慢地认识自己。

拿得起,放得下,在落泪前转身离去,留给他你简单的背影。爱情已不再,至少你还能在最后的时候保留一份宝贵的自尊。

选择好男人做你的丈夫

"男怕入错行,女怕嫁错郎"。女人都知道只有嫁给一个好男人才能幸福,因此在选择丈夫上是慎之又慎的。那么什么样的男人才算好男人?怎样才算慧眼识珠,找出好男人做你的丈夫呢?

女人都希望在自己一生中最灿烂的时候,遇上一个年少多金、身材高大、相貌俊美、温柔多情、善解人意、宽厚从容、感情专一的男子,这毕竟是最理想的想法,世界上却没有这样的"白马王子"。实际上在人海茫茫中,找到一个能相托一生的人很不容易。经过众多女同胞的切身体会,总结出以下几种可以做丈夫的好男人。

1. 事业和家庭能兼顾的男人。

男人绝对不能没有事业心,不过如果他的事业心太重,他用在家庭和你身上的心思就会很少,你要他陪你逛街,他说没意思;你要他陪你看电影,他说没时间。他事业取得了成功,你也跟着风光,但那是别人看到的,别人看不到的是漫漫时光里你的寂寞。只有那些事业心不是过重同时又有家庭责任感的男人,才懂得对你体贴入微、宠爱有加,这样的家庭才会幸福。

2. 对自己有要求,对女人没要求。

好男人,无论在事业还是家庭方面,对自己要求较高,对女人也不会很苛刻,这也是责任心的体现。

相反,凡是自己无甚要求,得过且过,却对对方有诸多要求的男人,还是敬而远之比较好。大多数男人都有不同程度的虚荣心,他们在乎你的身材、相貌而忽视你内在的气质,尤其是随着岁月流逝,女人青春不再,他对你的不满越来越明显。一般来说,这样的男人缺乏责任心,婚后变成"毒舌男"的几率也很高。我们女人嫁人,底线是被自己的丈夫尊重,认为自己有权利对妻子呼来喝去、横挑鼻子竖挑眼的男人不是好的结婚对象。

3. 不太会谈恋爱的朴实拙讷男人。

人不是天生就会谈恋爱的,太会谈恋爱的男人,说明他情场经验丰富,做丈夫的话女人会没有安全感。反而那些不太会恋爱,朴实拙讷的男人适合当丈夫。这样的男人,你不要问他你什么发型更好看,也不要指望他告诉你什么颜色适合你,问了也等于白问。这样的男人你可以放心,虽然他可能少一些浪漫情调,不过偶尔"浪漫"起来,即使弄巧成拙也会让你感动万分。比如,一个男人为给你送花在楼下傻等半小时,而玫瑰又错买成了月季。没关系,他心里想的是玫瑰。一旦他认定了你,就会对你忠心耿耿,温柔体贴,对和自己擦肩而过的美女视而不见。他对你好,会爱屋及乌,对你的家人也好。这样的男人,在现在也算是极品了,有的话赶紧抓牢啊。

4. 觉得你不懂事的男人。

他对你的呵护无处不在,生活细节里到处可以感觉到;他会把你看成是一个永远长不大、最不懂事的孩子,凡事为你瞎操心,甚至不下于你妈妈更用心思。不是因为他对你没信心,是因为爱。如果哪次你因为不小心淋了雨,感冒发烧,他会发火,这更表明他疼你的。

这类男人,在遇到突发事件的时候往往会把你拉到他身后,把你当做最珍视的人。

女人要是遇到以上四种男人,是非常幸运的事,不要错过,一定要抓牢。

不做婚姻观念与制度的仆人

结婚生子是女人一生中少有的"大事"。所以面对择偶时，女人一定要头脑清醒，足够理智，要知道幸福才是第一位的，千万不能做传统婚姻观念的仆人。

传统观念一：门当户对。

传统婚姻，媒妁之言，父母之命，最看重的就是门当户对了，包括双方的家庭条件、教育背景、生活习惯、学历、工作等，然而却忽略了最重要的一点，那就是感情。很多女人骨子里虽然赞同这个观点，但还是有不少人与所谓"门当户对"的人组成了家庭，结果双方因性格不合，人生观、世界观不同，彼此对对方期望又很高，那么婚后女人的生活也就可想而知了。

传统观点二：夫唱妇随。

"男主外，女主内"的传统婚姻家庭观在现代社会仍占有很大比例。传统婚姻提倡夫唱妇随，即一主一从，当出现不能协调的问题时，女方必须听从男方，所以很多男人有"大男子主义"倾向。原则上，男女双方地位是平等的，家庭中双方都有发言权和决策权。然而具体到每个家庭，就会有很大不同，双方能力不同，可能一方更具有决策能力，为了整个家庭利益着想，就从善如流好了。然而如今，女性能力和独立意识越来越强，在家庭中有时候更具有决策能力和判断力，这时候女人自然不能放弃。

传统观念三：不孝有三，无后为大。

在孔夫子教导下，"不孝有三，无后为大"的观点根深蒂固。女人虽然有生命延续的责任，然而女人不是生产工具，女人结婚不一定选择生孩子，不能生育的女人照样可以结婚，寻找自己的幸福。社会中"无性"婚姻和"丁克"婚姻的存在和流行，不必大惊小怪，虽然这是比较争议的话题，然而这表明女人的选择性多了一些,空间更大了,女人有生孩子的权利,也有不生孩子的权利。

传统观点四:结婚必须举行婚礼。

传统婚礼综合了风俗、面子、人情等等太多问题,在现代社会中更是演变成一项巨大的工程:挑选吉日、发请帖、订酒席、找婚庆公司等,而且每件事情都要关心到细枝末节。更要命的是,如今青年男女鄙视千篇一律的方式,所以婚礼方式更是千奇百怪。跳伞婚礼、蹦极婚礼、海底婚礼、T台秀婚礼、玫瑰宫殿婚礼……这些令人眼花缭乱的"个性"婚礼,要么花费不菲、成本巨大,要么设计繁复、需配备专人事前培训并跟踪服务。

很多适婚男女,在经历了感情长跑之后,一个现实的问题摆在了面前:没有房子,没有车子,没有太多的存款。一定要大张旗鼓办婚礼吗?"裸婚"行不行?

其实婚礼的形式何其多样,女人完全可以突破传统观念的束缚,办一个自己想要的婚礼。女人要懂得,婚姻的幸福不在于结婚的形式,而在于平平淡淡中见真情。

传统观念五:女人婚后要以家庭为主。

很多女人有"婚前恐惧症",结婚意味着结束单身,意味着要组织家庭,意味着以后的人生从此不同。她们一直忧心忡忡,担心自己会因婚姻而"贬值":家庭会拖事业后腿吗?婚后还有大把时间陪"死党"吗?结婚后少女变少妇还能向谁展示魅力?还会有那么多人喜欢自己吗?其实女人在婚姻中获得的远比失去的多,婚姻并不会使自己贬值,反而赋予你更多资本。女人失去的可能只是青涩与幼稚,获得的是成熟和干练,成为职场中或是朋友圈中更值得信赖的人。乐观一点,聪明女人,嫁了一位好丈夫之后,意味着你将附赠到一位老师、前辈、兄长、知己、情人、保镖……

传统观念六:夫妻同生共死,"生同一个衾,死同一个椁"。

如今最令人感动的结婚宣言是什么,不是被人读过千万遍的"不论境遇好坏,家境贫富,生病与否,誓言相亲相爱,至死不分离",而是"爱到你不爱我的那天"、"我们的爱能走多远我就有多忠诚"。婚姻的真相绝不是虚构的童话,只是女人需要更真诚、更理性的誓言罢了,而不是"天长地久"这种不成熟的承诺,因为只有能信守的承诺,才是有意义的诺言。只有承认婚姻中可能存在的种种变数,才能在事前以积极的方法应对,防患于未然。当爱情不在了,甚至亲情也不存在,女人还会继续守望名不副实的婚姻吗?所以女人要理智对待,能相伴到老最好,不能的话,轻松退出,给彼此留下追求幸福的机会。

传统观点七:好女不嫁二夫。

在中国北方某些地方,再婚的婚礼只能在午后举办。这是很明显的区别对待,仿佛二战时犹太人胳膊上戴的袖标,再加上中国的一句古语"好马不披双鞍子,好女不嫁二夫",使女人、尤其是带着"拖油瓶"的女人对未来的婚姻忧心忡忡。其实女人不必对婚姻缺乏信心,婚姻不行,女人自然可以二嫁、三嫁甚至四嫁,没有任何一个人能完全保证第一次就遇到对的人,第一次就懂得呵护一段婚姻。女人经历过第一次婚姻,成熟了很多,已经懂得什么是爱情,什么是婚姻,因而能更好地总结经验,反省内心,了解男人,看懂婚姻。女人要树起自信心,多给自己一些机会,找到自己的 Mr. Right。

鉴定终生伴侣的九个黄金守则

大千世界人海茫茫,女人遇到男人,从相识到相恋,然后相爱,但并非所有相爱的人最终都能牵手步入婚姻的殿堂。有的人只适合恋爱而并不适合结婚,因为适合做夫妻得满足一些基本的条件,否则即使勉强结为夫妻也将不容易获得美满幸福的生活。

可以肯定,绝对没有任何人故意做出错误的选择,然而当如今离婚率越来越高时,你应该承认,有很多人在选择他(她)的伴侣时犯了严重的错误。如果你真心要寻找并拥有一个终生的伴侣,那么这里有九个守则,不妨问问你自己能不能满足。

守则一:共同的生活目标,志趣相投。

情趣相投,志同道合。俗话说,"物以类聚,人以群分",夫妻要长期生活在一起,至少能彼此默认对方的人生价值观,否则夫妻追求的人生和生活目标不一致,对事物的看法存在严重的分歧,婚姻怎么进行下去?人各有志,但夫妻应保持基本的一致,在兴趣、志趣、情趣方面能有大致相同的看法观点,唯如此才能步调一致而不会越走越远甚至离心离德。志趣基本相投才能在一起长期生活,貌合神离的夫妻不可能幸福。

女人总是对自己婚姻的设想过于理想化,影视中的婚姻和现实的婚姻毕竟是不一样的,所以这一条不能忽视。

守则二:彼此充分了解、信任对方。

只有相知,才能相处。了解对方是人际交往的基本前提,夫妻之间彼此能充分了解信任,是维持婚姻的基础。有的女人认为了解对方很简单,其实不然。女人对对方的了解,包括对方的家庭背景、受教育情况、性格脾气、个性特质、生活习惯等等。对于女人来说,信任对方又不是很容易做到的,女人自身容易猜疑,这种猜疑对婚姻是相当不利的,也是往往引起争端的原因,没有信任就没有交往,夫妻之间尤其如此。

守则三:遇事彼此容易沟通。

人与人之间当然难免会出现一些问题和矛盾,夫妻当然也一样,每天在一起,发生摩擦冲突的可能性更大。有矛盾和争端并不可怕,可怕的是双方无法沟通,出现"鸡对鸭讲"的状况,最终导致矛盾发展激化到不可收拾的地步,所以确定对方是不是你的终身伴侣一个重要且基本的条件就是遇事彼此是否很容易就能沟通。

守则四:他的人际关系不错。

有的女人以为,对方只要对自己好就可以了,其实不是这样的。促进人际关系最重要的是给予的能力,所以你要看看这个人是很愿意给予,还是个自私自利、比较冷漠的人。尤其是观察他如何对待自己的父母和兄弟姐妹,如果他不爱自己的父母,那么他爱你的可能性也比较低。他是否懂得感激身边帮助他的人?如果是,那么他也会感激你。他对除你之外的人际关系也正常、和谐的话,那么他这个人就应该没有问题。

守则五:彼此有奉献牺牲精神。

女人要了解,夫妻之间是一种典型的权利和义务的结合,但得到的东西和你付出的东西并不会总是成比例,也不可能完全相等。所以,经常出现一方总是会付出多些,而另一方可能付出少些,作为夫妻当然不能斤斤计较,要有奉献牺牲精神。婚姻中没有谁欠谁的,也没有高低贵贱之分,如果对方甘于牺牲,或者你甘愿为他付出,那么你们的结合会很幸福。

守则六:彼此能做到宽容大度。

人无完人,每个人都会犯错,夫妻之间由于是近距离的接触,更能发现彼此的错误和缺点。如果你们对待彼此有一颗宽容大度的心,能正确和理性地看待对方身上的缺点和所犯的错误,既不吹毛求疵,也不无原则地纵容,并且宽容小的和无关紧的缺点和错误,帮助对方改正大的错误和缺点,两个人有一起进步的决心,那就是美满的婚姻。

守则七:彼此能坚定支持对方。

婚姻中的终身伴侣不同于恋爱中的双方,其中重要的一点就是,婚姻得面对更多的现实生活压力和问题,而婚姻本身也更烦琐甚至乏味。无论是生活中还是工作中,不管是你还是他,都会遇到不可预期的突发性事件。这并不可怕,关键是要能得到对方的坚定支持。如果遇到问题你们不能彼此支持,互相体谅,以后的婚姻生活将无法进行下去。

守则八:彼此接受对方的家庭。

很多年轻女人往往容易忽视这一点,认为婚姻是两个人的私事,你嫁的是他,不是他家,可以不考虑其他。这自然是一种天真的幼稚想法。婚姻是两个年轻人的事,也是彼此父母和两个家庭的事,两个人,除了彼此的相爱,还必须要能接纳对方的家庭。假如你根本无法忍受对方父母家庭的某些作为,而他们又不满意你们的交往,那么你今后的婚姻生活将会后患无穷。

守则九:有基本的物质经济做基础。

你可以谈多次恋爱,但不是和每个与你恋爱的男人都结婚,这是因为适合谈恋爱并不等于适合结为夫妻。因为婚姻除了浪漫更多的是柴米油盐醋的现实生活,没有一定的物质经济作基础,婚姻生活不可能长久持续下去,所以如果你们两个都是过于具备艺术家气质的人,可能不适合做夫妻,因为极可能都沉于浪漫的艺术生活而不知道现实生活和赚钱养家。有车有房不一定是基础,但是基本的物质应该是需要的,女人现实一些肯定会明白。

女人不要把男人看得太紧

女人经过婚前对伴侣慎重的挑选后,不要以为万事大吉,就可以一劳永逸了。婚姻不是终生的平安保险单,即使航向对头,我们依然还会遭遇风暴,婚后感情更是需要呵护、需要滋润、需要施肥的,否则到最后也会一败涂地。

如今,婚姻出现危机的家庭越来越多,为什么呢?这其中有一些,或许不是感情出轨,而是女人把男人管得太严,看得太紧,出现摩擦,以至于不能调和的程度。

大凡女人结婚后都有一种奢望:希望丈夫与自己同呼吸、共命运,保持步调一致,生活习惯一样。如果丈夫的某些方面不合自己的要求,便想改造男人。但实际改造的结果如何呢?恐怕大部分不尽如人意,到最后,女人费尽心思、磨破嘴皮、软硬兼施、招数用尽,却总是收效甚微,甚至得不偿失。而男人不但依旧,反而会嫌女人穷讲究、爱唠叨,弄不好还会另寻新欢。

感情是一件易碎品,只有精心呵护才能保持它的完美无缺。就像一只瓷瓶,瓷瓶上有一个疙瘩,咋看都不舒服,总想去掉它,用心无疑是好的,然而我们往往看到这样的结局:疙瘩没能打磨掉,瓷瓶先碎了。

男人喜欢的是能够让自己放松的女人,而不是一见面就剑拔弩张的人。所以,真正聪明的女人,不要把男人看得太紧,给他留出一些自己的空间,应该多尊重、体贴、心疼自己的男人,必要的时候适应他。

我们女人有自己私有的空间,男人也要有自己的生活。他们也会迷恋游戏,也会想和朋友出去喝酒、打牌。这时不想被别人打扰,所以体贴的女人不要短信电话步步紧逼,也不要问他为什么不带你一块前往,给彼此足够的空间才会有新鲜的空气。男人偶尔也会脆弱,也会突然的莫名情绪低落。

所以,当他的脸上写满疲惫,眼中充满厌倦,千不要再去追问是不是他不爱你了。此刻,不要再去问他怎么了,只要安静地陪在他身边就好。

男人有着十足的自尊心,面子对男子来说比什么都重要。所以,在他的朋友面前,请给他十足的地位。如果他在朋友面前忽略了你,不要任性地以为那是不重视,也许他只是想显出你的温顺。

男人都有不同程度的征服欲,没有一个男人喜欢被束缚,尤其是被自己的女人束缚。男人偶尔的放纵并不代表了他不想要这个家与自己的老婆。实际上亲密有间、短暂的分别以及有意地给对方自由的空间,反倒会使双方都产生新鲜感,感情就是这样,"距离产生美"。

最美的关系是,尽情享受与他共度的时光,同时也要给男人自由,不要"爱死你的男人",也不要"死爱你的男人"。不是每个男人都能把爱挂在嘴边来回应我们,所以如果他在回答"爱不爱你"不够干脆时也不要马上就心生怀疑,否则以后他会把这种回答变成一种无奈的习惯。两个人时不时保持若即若离的状态,保留自己的一片天,尽量开拓视野,接纳更多的兴趣和爱好,做自己想做的事,这反而使你更成熟更优秀也更能吸引住你的男人。

曾经有人讲过,恋爱时睁大双眼,看清对方的优缺点,而结婚后只要不是什么大事大非的原则性问题,睁一只眼闭一只眼,一般情况多看到长处,容忍缺点。然而很少有女人能够这样做到,有时你想改造他,看得太紧,他自然不会轻易接受改造,两人各不相让,引发矛盾,小则"内战"不已,大则"劳燕分飞"。何必呢?

一般而言,面对配偶的缺点,宽容比改造更重要。对男人来说,女人对男人内心深处的宽容,为男人提供一个相对"自由"和"宽松"的时间和空间,这样的女人才是一个让男人爱之不已惜之不已的美好伴侣。

女人对男人"情感"方面的宽容,是对男人人格的尊重,给男人一个良好的心境,才是对男人真正的灵魂的关怀和情感的"免疫"。所以别老是在自己男人面前总是那么无聊地唠叨什么谁家的男人又怎么怎么了,谁家的老公又如何如何了,这其实既是对男人的尊重,也是对女人自己的尊重。

女人若是能够宽容地对待男人,不把男人看得太紧,在非原则问题上,偶尔"难得糊涂",往往会得到"意想不到"的"温馨"与"甜蜜"。

女人不能嫁的十种男人

并不是每个男人都是好男人,而是只有那个与你相宜的男人才是你生命中的好男人,才能给你一生的幸福时光。作为女人,还是花点"心计",慢慢去发现和选择。

待嫁闺中的女子,听闻周围熟人结婚的消息,会不会坐如针毡?女人对待感情问题,容易感情用事,然而女孩子嫁人急不得。每个女人都不会心甘情愿地随便找个男人把自己"处理掉"。

要知道女人嫁错人比买错衣服、吃错药更让人痛苦,所以女人嫁人要慎之又慎。成千上万的男子中,女人不能嫁以下十种人。

1. 思想古板,没有生活情趣的男人。

男人应该拥有健康的体魄,而且还应该有一定的思想内涵。有些男子确实很老实,不会出轨,但思想古板,毫无建树,没有丝毫生活情趣,如果选择这样的男人一起生活,长时间这样你总有一天受不了的。

倘若周末的时候你想吃一次肯德基,他会说"洋玩意没意思",然后用一根大葱蘸着大酱,二两白酒硬是能喝上大半天;到了长假,你计划去某地旅游,他偏偏认为,"到那破地儿就为看看,浪费这么多钱";他一看到美容化妆品广告,第一反应就是"假的,买了花冤枉钱!"……遇到这种男人,和他生活在一起必然是索然无味,你常常要忍受精神上的空虚,一切浪漫美好的东西注定与你无缘。

2. 爱发牢骚散布坏情绪的男人。

有些男人,年纪轻轻,却总是给人到更年期的感觉,不管是天气多么晴朗,这种男人回到家里,打开门后往往第一句话就是:"今天真闹心!"然后你就等着"洗耳恭听",让他把工作中不高兴的事情一股脑地向你倾诉。

整天发牢骚,好像自己是天下最倒霉的人,没有任何人理解他,抱怨不停。女人和这种男人过日子,别想每天有一个宁静和美好的夜晚,再开朗大气的你,迟早有一天紧锁眉头会变成你最常见的表情。

3. 四不男人。

"不承诺、不主动、不拒绝、不负责"这是四不男人的口号。一般来说,这种男人都是有点成就,或者某一方面比较出色的,有点金,有点闲,有点迷人,有点情调,有点素质等,自然也比较受异性关注。他很少主动邀你,从来不送你玫瑰花;他不会主动问你的生日,即使问了也会忘记;你们也有亲密的时刻,他乐得和你一起共度缠绵之夜,但是他从来不会畅想你们的未来;他的去向是个谜,甚至消失很久,从不会主动告知你他的行踪……毫无疑问,他们是只想充分享受,却不想对女人负责的男人,此类男人可以算得上久经情场,他们的算盘打得很响,是很精明的男人。对于女人来说,这类男人是最应该下地狱的那种。

而现在,这类男人有雨后春笋之势头,女人如果没有比他们更强健的心态,遇到他们时还是不要动情,和他说真爱,让他被你感动,几率很低的。所以,不要为四不男人浪费自己的感情。

4. 喜欢谈论女人、谈性的男人。

在一般场合上男人都不会大张旗鼓地谈论女人,这表明一个男人的内在修养。可是就有一种男人,可以把"男人是用下半身思考"的名言放在他身上。不管什么时间、什么地点,总可以随口说出女人的一二三四,就好像他是女性话题的研究专家,总有自己的见解。这样的男人不管是不是真正的风流,都极为令人生厌,而且粗俗可鄙。而且这样的男人别看他张牙舞爪地说着女人,他未必有多大胆量,即是老百姓所说的那种"有贼心没贼胆"的货色,上不了大雅之堂,和这样的人生活在一起也并不会有预料当中那样的有情调和充满激情。

5. 极帅、极美的男人。

此类男人,人见人爱,花见花开,无论在何时何地,都会不由自主地吸引无数女性的目光。他们大多已经习惯异性的青睐,自尊心无限膨胀,自恋感与日俱增。在如今男色日渐流行的年代,精明的女人会对他们敬而远之,因为她们知道,和其他物品一样,具有观赏性不代表就具有实用性。可以远远地观看,甚至可以边看边垂涎三尺,养眼是他们最大的功能,因此,结婚的话还是找个有真实感的好,起码这样相对安全。

6. 小气吝啬男人。

金钱是最能看出一个男人本质和感情的东西。虽然女人恋爱、结婚不是因为钱,但如果他在钱的方面小气、吝啬,让你感觉不好,那么你应该细心观察他一下,然后考虑他是不是合适你了。

AA制不是新鲜话题了,生活中朋友间AA制理应提倡,但在谈恋爱的时候,正常的消费是应该的,AA制在情侣和夫妻间味道就不同了。

女人独立自主本身没有错,但这是对女人自己而言的。见面开始就说清要AA制的男人太精于算计,也太怕吃亏了。你能忍受一个一起吃完西餐,然后计算各自应该付几元几角的男人吗?你能够忍受一个你本来想买套性感内衣取悦他,而他却在付钱的时候说这是你买的东西应该你出钱的男人吗?在中国的情侣和夫妻之间,AA制没有存活空间。如果他一定要和你AA制,你可以温柔的问他:"AA制是不是也包括睡觉?"

不管你有没有遇到,现实中阿巴贡、葛朗台这样的男人是存在的,他们可以把钱存在信用卡里,就是不会去银行取钱,更不用说"透支"。你花他的钱就像要他的命一样,为你花的一分一毫都牢牢记在心上,这样的男人,即使亿万富翁也不要理他。

那句话说得很好,不一定要嫁给有钱人,但要嫁给肯为你花钱的人。

7. 有恋姐恋母情节的男人。

这类男人往往缺少爱,常常挂着阳光一样的笑容,他们声音温柔,敏感细心,他们喜欢在你的身边逗留,喜欢在一边看着你,最重要的是喜欢依赖你为他做一切事情,他需要你无时无刻的照顾。

不可否认,这样的男人确实具有一定吸引力,惹人怜爱。不过,他眼里,你的身份不是真正意义上的情侣、爱人,他在你身上寻求着他的姐姐或母亲身上才有的东西。如果你是个正常的女人,渴望被男人疼爱的话,并且不希望两个人一起逛街的时候被人说你们是姐弟或者母子的话,还是放弃比较好。

当然,有的女人爱心泛滥,极为喜欢照顾他人,那就另当别论了。

8. 有暴力倾向过后又忏悔的男人。

这个不用细说,其实有暴力倾向的男人很容易识别。无论被打的人是你还是被人,分清是非黑白后,只有原因在他身上,马上离开他,否则,当断不断,反受其害。

女人千万不要心软,你要想清楚他如果活到现在都没有改变自己这个恶习,那么你也没有可能。否则原谅他后,你早晚会对自己现在的"宽容"悔恨万千。

可是总有一些女人在男人悔恨的眼泪中淡漠了自己身体的伤痛,反而去安慰男人。这是女人灾难的开始,其结果不是女人得了严重的心理障碍(变成一个受虐待狂),就是成为暴力的牺牲品。

9. 一开始就说配不上你的男人,以后他永远都会配不上你。

对一些出色的女性来说,总会遇上一些看似"潜力股"的男人,你为他改变自己,付出全部,他却说,你对他太好了,他的(学历、金钱、能力、地位、相貌等等)配不上你。没有自信,只能靠你屈就才能交往的男人,以后不会对你好的,你的出色只会让他更自卑。

10. 爱耍酷,自命孤家寡人的男人。

这类男人就是装出一种自命清高的神态,总觉得自己怀才不遇,却又总想着出人头地。如今这样的男人在城市的各个角落还是随处可见。

他们或者和艺术沾点边儿,或者只是装酷,目中无人,成天一副"别人欠他三千万"的样子,故意把头发和衣服弄得惨不忍睹,以为这就是特立独行。任何人在他的眼里都是微不足道的,好像世界上只有他自己是"天生我才",可是就是不见他什么时候能"有用"。在任何时候,他都懒得开口多说一句话,专门做别人不做的事,想引起别人的注意,却不知道其实那些事情无聊之极。有头脑的女人最好还是不要自作聪明地去接近他们,即使你和他关系已经很暧昧,在他们眼里,你是永远是浅薄无知和配不上他们的。

适合自己的男人才是最好的男人

很多女人，她们对未来伴侣各方面都有自己特定的、理想的要求，甚至声称"不达标，不谈嫁"，以为这样"精挑细选"后的男人才是最好的。由于自己错位的择偶观，反而没有找到自己的另一半。其实女人选择适合自己的人才是最好的。

如今，现实生活中，有相当多的女人没有看清所处的社会环境，且没有找到自己所处的位置。所以，经常会听到女性们对男人悲观的叹息声和对男人消极、极端的言词，比如"好男人都死光了"、"好男人都绝种了"等。

不可否认，错位的择偶观念，造就了一批批数量可观的"剩女"。其实不管是女人还是男人在选择异性前首先要重新认识自己和重新评估自己。从某种程度上说，如今大量"剩女"的出现，有很大一部分是个人原因造成的。

如今，女性自我意识逐渐变强，而且她们当中很多是素质很高的。同时，激烈的社会竞争和日益物质化的社会现实对女人的择偶观不可避免的有所影响。住房、私车、婚宴成为当今女性结婚的三大必要要求，最低限，也是非有房的男士不嫁。由于这些，相当一部分女人依旧坚守自己的择偶高标准，所以她们未来的婚嫁，前途难免有些渺茫。

这种现象，不能只是持批评态度。实际上，物质化的社会中，无论男女，都对婚姻的目的性更强，功利性心态更突出。女人天生欠缺安全感，在如今社会环境中尤甚。一个女人在结婚前注重物质条件，源自对未来生活信心的缺乏，因此希望至少从物质上得到安全感。

此外，经济压力难免造就感情压力，当今女人苦苦坚持"无房不嫁"的原则，正是出于对生活压力的惧怕感，是可以理解的。

从目前情况来看，大多数女人通常都要求另一半比自己年龄大（而且也不是大太多),并且在能力、学历、收入等方面比自己强,这些都使得择偶的范围大大缩小,而且就算有符合条件的,也不一定是最适合自己的。

因此,女人要想摆脱困境,首先要转变自己的固有观念。

其一,不必着重看收入水平和物质条件,如果身边有品质、个性俱佳的男士,甚至可以主动展开追求。

古今中外,这样的例子不胜枚举,当年卓文君为巨贾之家千金,而司马相如家徒四壁,卓文君和他仍旧两情相悦,甚至自己"当垆卖酒"也毫无怨言,成就一段佳话。

其二,不要被年龄禁锢,勇于接受姐弟恋。受传统思想影响,不少女人遇到比自己小的男士向自己示爱而不敢接受,她们心里有各种顾虑。然而这是没有必要的,姐弟恋在目前的社会中甚至应该被提倡。女人要调节好心态,不要在意旁人的眼光,要认同"只要合适,年龄不是问题"的观点。

古今中外的姐弟恋不少,而且很多"修成正果",过得也很幸福。比如马克思和比他大五岁的燕妮。我国古代历史上最为著名的当属万贞儿,她是明宪宗的妃子,尽管比明宪宗大19岁,但她依旧让皇帝为她颠狂、痴迷。尤其是现代,科技发达,美容业也发展迅猛,女人可以不必过于担心年龄问题,只要注重保养,与比自己年纪小的男士在一起也完全没有问题。

女人嫁人的条件固然不能太苛刻,但也永远要有自己的一份原则。如果没有找到适合自己的人选,也不要单纯为了年龄而妥协,不能为了结婚而昏了头!

生活中,我们常常接触到这样的例子,有的女人年龄大了,没有找到适合自己的人,只好凑凑合合嫁个不满意的男人,然而,没多久就闹离婚。这样为了结婚而结婚的女人,多半会成为婚姻中的怨妇。

当然,如果女人比较执着,宁缺毋滥,还未遇到适合自己的人,那么不妨就坦然地接受"单身生活现状"。你生命中的真命天子,总会有一天出现。

从某种程度上说,选择伴侣就像购物买东西一样。有的女人不求最好但求最贵,有的女人只求美观不求实用,还有的女人觉得物有所值即可。女人选择怎样的男人才是最好的呢?选择最适合自己的人就是最好的!

女人不可错过好机会

我们身边会有一些女人偶尔长叹"曾经沧海难为水,除去巫山不是山"。由于曾经的错过,成为终身的遗憾,所以记忆深刻。当然也有的女人,现在一直挑挑拣拣,别人问及时,却声称"不是我不好,而是配得上我的男人太少。"

女人永远是矛盾的复合体。女人是现实的,同时却也是天真的,骨子里从没有放弃追求浪漫,对自己的未来充满了幸福的设想。在选择伴侣问题上,女人往往会很苦恼,并非身边没有不错的人选,但还是持观望态度,生怕有"遗珠之憾"。

生活中时常听到青年女孩问这样的问题,"如果我现在和他结了婚,我怎么知道将来还会不会有比他更好的对象出现?"这个问题是很实际的,也很可笑的。很多女人也是这样,怕"顾此失彼",怕错过以至抱恨终生。然而,她们一直如此要求、挑剔,所以到最后仍是单身。

方雅,今年三十岁刚出头,经济条件很好,有一份体面的工作,相貌、身材都不错,至今仍单身,也就是现在人们常说的"剩女"。

并非方雅不想谈恋爱,当年她也是很漂亮的,而且追求她的人也多,但她总是待价而沽,嫌这个不好看,嫌那个没有钱,总觉得本大小姐天生丽质,有车有房,找一个风度翩翩,事业有成的帅哥还不容易吗?就这样方雅反复地发现、挑选、放弃……白白浪费时间而忽略了一个可怕的事实——新发现的对象愈来愈不好,而自己的条件愈来愈差,年纪也愈来愈大。

其实,从大学到工作,不断有同学、同事轮番对方雅"进攻",可是纷纷铩羽而归。到如今三十了,当初对她感兴趣的要么结了婚,要么有了娇美的女友,再也看不上她了,连看她的眼神都已经没有以前的暧昧了。而且她之前

曾认为魅力不够、事业无成的人,如今基本都成了事业有成,成熟稳重,值得托付的男人了

方雅由当初自己挑男人,最后自己反而被挑剩。

和方雅一样,如今很多"剩女"高傲地坚守"不达标誓死不嫁",因此错过了很多好的机会,适合的男人。到最后她们当中有一部分,无奈地妥协"马马虎虎结了婚再说",另一部分仍在翘首期盼。

选择本身并无对错,只不过应该明智地根据自身情况,适当调整自己的择偶观。在现实的婚姻中,绝大多数人的亲密伴侣都不是自己最初设想中的白马王子或白雪公主。所以,一个女人要想加大找到另一半的机会,就要删除预设的一些条条框框。比如说"身高绝对不能低于一米八"、"必须是研究生学历以上"、"必须有车有房"等。

其实,"江山代有人才出",当初你出众的才华,久而久之,也会褪色,更不要说外表了。随着时间流逝,白雪公主会变成黄脸婆,白马王子也会成为白发王子;以前有博士学位就很了不起,现在博士后比他更神气;当年的校花,会有更青春的美女超过她……其实,这都是必然的结果。

有一部分女人,她们自己过于害羞、矜持,有了自己喜欢的男生,却没有勇气去表白。虽然一直很纠结、苦恼,还是没有迈出一步,最终还是错过。

这样的女人,请鼓起勇气,就算你主动表白后,遭到了拒绝,你当时的情景也不会比你什么也没有做,到最后后悔至极的情况来得强烈些。现在不是男权社会了,主动的一方不代表是弱势,不主动表白,就是没有任何机会,只能擦肩而过,而你勇敢主动地表白了,你就有机会。

从九个方面观察与你交往的男人

和男友交往的过程也是加深了解的过程,细致入微的女人,可以从丝丝毫毫中观察交往中的这个男人,然后推测出他的人品、生活习性等,你还可以判断,他和你是否合适,能否可以继续交往。

具体来说你能知道这个男人是否可以继续相处,可以根据下面给你提供的几条妙计试一试。

1. 看他的居住环境。

他的家里摆满书藉还是摆满球赛优胜奖状?桌子上有没有摆着与家人的合影?卧室墙上有没有流行明星的海报?卫生间是不是脏乱不堪?屋子里有没有养宠物?衣服是不是到处乱放……

其实只要你接触他居住的环境,对他的了解就会深入很多,这是最简单的方法。

2. 看他交往的朋友。

古语说得好:"观其友知其人"。好男人身边总会有一帮好哥们。如果他的朋友都是逢场作戏之流,那么你对他也要留心了。如果你不喜欢他的大多数的朋友,对他们感觉都不对劲儿,那么这就是在提醒你,他不适合你。男人结交一些异性朋友也不是坏事,也表明他能与异性交流,然而如果他只有女朋友而没有男朋友你就要当心了。

3. 看他如何对小孩。

如果他嫌小孩麻烦,拒绝对小孩亲近,那他大概永远不会成为一个好父亲,而且也不是很有爱心和耐心的人。如果他非但不讨厌小孩,还乐于与小孩交谈,甚至伏身听孩子说话,像个大男孩一样趴在地板上与小孩一起游戏,这个偶尔天真的男人无疑将成为一个好父亲,而且往往也具备爱心,你值得与他发展关系。

4.看他心情不好时的作为。

当他心情不好的时候听听他对你诉苦的话,观察他的表现,比如他输了场球赛,如果垂头丧气对你说:"这事儿真让我郁闷……"这时候最能看出他对你的信任程度,他喜欢和你分享他的不愉快,也会和你分享他的快乐,他把他的感受对你展示得一展无遗,而不是对你有所遮掩,这样的男人是信得过的。

5.听听他经常说些什么。

如果他在你面前充满温情地谈起自己的家庭,这种男人最能打动女人,而且注重家庭生活。如果男人在你面前喜欢对别人品头论足,看不起任何人,听信传言,甚至对别人的遭遇幸灾乐祸,这种男人趁早离他远点。

6.看他如何评价之前的情史。

如果他讲述自己以前的情史,洋洋得意,或者一副很酷的样子,那么你可以看出他对待感情的不认真。如果他一直讲女友坏话,那么这样的男人靠不住。既然曾经相爱,为什么要诋毁其名誉?尊重自己以前的女友,才是大度的男人。不过如果他总是在你面前说前女友的好话,又不是故意让你吃醋的话,这说明他仍想念她,旧情难忘。如果他觉得自己以前恋爱中的女友不了解他,或者觉得之前的女友对自己很残酷,自己很可怜,那么你也要引起注意,"可怜之人必有可恨之处",很有可能问题就出在他身上。

7.看他对母亲的态度。

这一点很重要的,母亲是一个男人人生中最重要的女性,也是最初的女性。一般来说,男人对母亲的态度就能说明他对女性的态度。尊重母亲的男人,他同样懂得爱自己的妻子。对母亲不好的男人,你就不要再去亲近他。但是要注意,如果男人过分依恋自己的母亲,言听计从,就很可能缺乏独立性,这样的男人很少有男子汉的气概,而且结婚后婆媳关系也可能不会很融洽。

8.看他对待金钱的态度。

他对待金钱的态度是否和你一致很重要。假如你今后想和他共撑生活之船,就应开诚布公地讨论金钱问题,并且找到共同之处。他挣多少钱不是最重要的,重要的是他如何处理这些金钱,他的价值观是否和你相同。有的男人总是抢着付账,这也可能是"虚张声势",这并不能证明他大方,反而表明他想控制女友。而比较吝惜、小气的男人在情感方面,也注定斤斤计较。至于挥霍无度,经常透支,甚至负债累累的男人,你千万不可与他交往。

9.看他对待工作的态度。

从某种意义上讲,男人对工作的态度就是其对生活的态度。工作中有责任心的人,家庭中也会有责任心。在工作上有条理,踏实能干,兢兢业业,在生活上也会如此。但凡是在工作上稍不顺心就想跳槽的男人,几乎可以预料有朝一日,夫妻关系出现一点点挫折,他也会一走了之。

沉默是金

> 女人或许并不喜欢,然而她已经习惯了唠叨,很少有女人能够意识到,唠叨带给家庭的危害,以及带给自己的麻烦。所以,理智的女人马上停止唠叨吧,不要让自己陷入不可救药的境地。

某位著名心理学家曾对 1500 多对夫妇作过详细的研究,结果显示,在丈夫眼里,唠叨、挑剔是妻子最大的缺点。而且,国内其他两个著名的研究机构也进行过相关调查,结论也是相同的:男人们都把唠叨、挑剔列在女性缺点的首位。

女人觉得她叨念的事都是有凭有据的,而且是出于在乎,所以尽管自己这样也许讨人厌,但她有理由一直唠叨下去。但男人们可不这么想。男人把湿毛巾丢在床上,女人会唠叨;男人把脱下的袜子乱丢,女人会唠叨;男人忘了倒垃圾,女人会唠叨……女人知道自己这样很像刺猬,然而女人坚信,唯一的办法就是不停重复地念,一遍又一遍,终有一天男人能听进去。尽管女人的唠叨有的是出于提示、提醒,有的是警示、告诫,有的是爱怜、关怀,有的是斥责、抱怨,但是无论出于哪种目的,唠叨都是令人生厌的。而且唠叨是逐渐养成的,一旦成为习惯就像对麻醉药上瘾一样很难改掉,所以唠叨给女人的家庭生活带来太多的伤害和不幸。

有这样一个故事:有一对夫妇一起乘做一个游船去游玩,本来这是件有情趣的活动,可妻子唠叨的毛病又犯了,而且最终把老公给惹烦了,在返回的路上,丈夫实在忍无可忍,竟然双手抱头随着一声呼叫:"我实在忍受不了了!"纵身跳入海中,幸亏得救生还。当老公被救上岸后,女人忘情地扑向自己的丈夫痛哭:"我是多么的爱你!"可事实说明老公不愿意接受这份唠叨的爱。

这个事例中男人忍受不了唠叨的时候采取的是自残方式,当然也有男人采取的是杀妻的残暴手段。比如在美国有项统计,每年的杀妻犯中20%是因为妻子太唠叨。据报道,一个50岁的卡车技工,雇了3名流氓非常残忍地杀死了他的妻子,仅仅因为他的妻子一直不停地对他唠叨和挑剔。

此外,唠叨,还会使女人的魅力打折。很多女人相貌端正,是职场上的业务精英,然而最大毛病就是爱唠叨,一张口就令人生厌,喋喋不休,形象大为受损,这样的女人自然也谈不上有什么魅力了。

现在,女人应该相信唠叨本身具有多大杀伤力,会给自己的工作和家庭带来多大的危害了吧。当然,如果女人想知道自己的唠叨是否过火,问问自己的丈夫就知道了。如果他很严肃认真地说你是一个爱唠叨的女人,虽然你一定非常震惊继而愤怒不已,不过不要急于否认,那只会证明他的看法没错而已。那么,在以后的夫妻生活中,女人一定要注意控制自己,千万不要整天过度地唠叨。

为了避免唠叨,女人需要从这样几个方面来约束自己:

1. 不要做"复读机"。

如果女人已经提醒丈夫N次,他曾经答应过要去拖地,而他纹丝不动,并不是他没有听见,只是说明他根本不想拖地,那女人又何必还要浪费唇舌?男人大概已经决心不去拖地了,唠叨只会使他下定决心决不屈服。祥林嫂一样的女人是可悲的,所以不要重复说话,多说无益。

2. 冷静对待不愉快的事。

我们常见有些女人为一些不值一提的小事紧绷着脸,沉浸在无止境的指责和怨恨中。

其实如果发生了不愉快的事,女人的唠叨只会火上浇油,除此以外于事无补。不如暂时将不愉快放一放,等到双方都冷静下来时,再把事情拿出来仔细讨论。另外,在讨论问题时,也应该心平气和,保持理智,尽量用对彼此信任的方法来消除引发怒气的主要原因。

3. 用温和的方式达到目的。

女人或许没有意识到,诉苦、抱怨、攀比、轻蔑、嘲笑、喋喋不休都是最具杀伤力的一种唠叨,而且都是最高明的杀人不见血的方法。如果女人不用激励的方法,而是用以上的方式去推动丈夫行动,那么只会南辕北辙,让自己的目标离自己越来越遥远。

"你怎么那么笨,你看你的同学已经升了两级了,薪水比你高多了,你这么久才升一级。"

"我哥哥买了件裘皮大衣给我嫂子。"

"当初我要是嫁给某某就好了,我就不会像现在这样受苦了。"

……

而这些话语都是杀伤力极强的,它们完全可以用杀人不见血来形容。

女人要想达到目的,不妨使用一些温和的方法,激励男人,这些温和的方法,将会让你的目的更容易实现。

4. 体谅和理解。

一位西方著名的哲人说过:"一个男人能否从婚姻中获得幸福,他将要与之结婚的人的脾气和性情,比其他任何事情都更加重要。"

一个女人如果性情不温柔,不懂得体谅和理解自己的丈夫,取而代之总是无休止地挑剔,不停地抱怨丈夫,常常给他泼冷水,打击他的每一个想法和希望,那么到最后那人只会是丧失斗志,放弃了可能成功的机会。有一个这样爱打击自身自信的妻子,做丈夫的怎能不变得垂头丧气?女人也就因此更多了一些抱怨的"谈资"。所以,女人要多一些体谅和理解,这样才能减少纠纷,彼此才能幸福。

5. 培养自己的幽默感。

面对繁杂的生活琐事,女人的耐心消失殆尽,难免有唠叨的欲望。应试着以幽默的方式对待发生的事情,这样才会起到化干戈为玉帛的奇效,而且这么做会让女人的心情更加舒畅。那些常常为芝麻小事而不高兴唠叨不停的人,早晚会精神崩溃的。

总之,女人要懂得,不唠叨的女人永远比唠叨的女人更可爱,也更幸福。

放男人一马也是放自己一马

> 女人对待男人，有时候要像放风筝一样，只要风筝不偏离自己的掌握，就不要抓得太牢、太紧，否则很容易掉下来。

婚后的女人，似乎更忙更累了，觉得自己处处为丈夫着想，容易么？结果却费力不讨好，觉得男人真是"不可理喻"！

结婚后的男人，常常觉得女人变了，不再像以前那样善解人意，反而是，不管大事小事都爱唠叨个不停，而且对自己越来越严了。诚然女人是出于对男人的爱和关心，男人还是受不了，甚至极为反感。

当局者迷，两个人的关系为何如此紧张？不是谁是谁非的问题，而是理解和沟通的问题。女人如果能多理解男人一些，男人多体谅女人一些，或许就能少一些误会和摩擦。

有智慧的女人，会懂得，放男人一把也是放自己一把。

回想一下女人是否有过下面几种经历。

某天回家，发现屋子里乌烟瘴气，后来才知道原来是男人领来了一帮不速之客，置办了好多烟酒肉菜，所以才搞得杯盘狼藉。显然女人对他们的到来一无所知，心里难免不高兴，还是带着一副勉强的笑脸，打个照应，然后匆匆进了卧室。女人心里一直耿耿于怀，家是两个人的事儿，男人太不尊重自己了，为何不提前告诉自己，难道自己在他心中就这么没有地位么？

然而，事情并非像女人所想的这样。可以想像，当男人的同事或多年旧友见面后，难免都提议聚一聚，而女人的丈夫慷慨地说："到我家去。"其他人不知道男人是否"惧内"，于是开玩笑说："要不要和嫂夫人打个招呼？"男人被这么一问，自然男子汉自尊心油然加重，一拍胸脯："咱们家没这规矩。"

女人应当理解男人的心理，恐怕天下没有几个男人希望被人认为是"妻管严"。女人这时呢,要给男人一些自作主张的机会,哪怕是一时的或表面的也好。

再比方说,一个偶然的机会,几个朋友约男人和女人一起到饭店吃饭。女人将筷子从消毒袋子里拿出递给男人,吃饭的时候还不忘为男人夹他喜欢吃的菜,然而男人却自己另拿一双筷子,对女人夹给自己的菜爱理不理的样子。女人由诧异,到气愤,在家的时候给你夹菜你也是吃的啊,偏偏在外人面前让自己难堪,男人绝对是故意的。

其实或许女人没有真正难堪,难堪的反倒是男人。公共的场合中,即使很了解对方的心意、需要,女人也先考虑一下对方的自尊心,否则女人认为这是一种体贴,然而有的男人的确不喜欢在众目睽睽之下,接受过于体贴的表现,这样好像有损自己的男子汉形象似的。其实这个时候,女人只要若无其事地把消毒袋子扔给他,推动转盘将好吃的菜推到他面前,他自然会明白,而且还会增进彼此间的默契。

还有一种常见的情形,有的妻子喜欢研究健康问题,她不厌其烦地向丈夫强调身体保健、饮食结构以及经常性医疗检查的重要性。而且,无论丈夫吃什么喝什么,妻子都要在一旁唠唠叨叨说明各种食物的营养以及搭配等。然而,女人无法理解的是,她说得越多,他听得越少,到最后,甚至有意避开。女人心里非常生气,男人怎么不想一想,我是为了谁来着?

男人未必不知道女人的苦心,但是女人方式不恰当,不明白"过犹不及"的道理,想想谁有耐心一直听"祥林嫂"一样的你说个没完。此外,还有一个关键原因,就在于男人是死要面子的,他觉得自己被当成了小孩子,这样太没面子,太折杀男人的自尊心了。

类似的情况还有很多,女人若不加以注意,很可能"无事生非",鸡毛蒜皮的小事演变成男女大战。女人或许心里委屈,自己好心还成不是了。其实男女间的相处,是需要一点点技巧的,更多的是理解和包容。

女人往往把丈夫看得太重,因为当女人嫁给一个男人,就会把男人当成了一生的依靠和伴侣,将其视为自己最重要的一部分,又怎能不把他抓牢、抓紧?

经常听到有人拿"放风筝"的道理劝诫女人,男人像风筝,要任其高飞,只要他偏离不了女人的掌握即可,力道掌握要有技巧,不能太紧,否则很快风筝会掉下来。

女人要把丈夫当作丈夫,还要把丈夫不当丈夫。什么意思呢,把男人当丈夫来爱,然而把自己当成男人的知己一样相处。如果女人把男人当作自己的知己,那么就放开他一些,对知己没有必要管得这么严,这样他轻松,自己也轻松。

女人要尊重男人,试着理解他,为他考虑,给男人一些自由空间,其实这样放男人一马,也是放自己一马,何乐而不为呢?